防震與減災：台灣地區未來的地震

鄭魁香　編著

全華圖書股份有限公司　總經銷

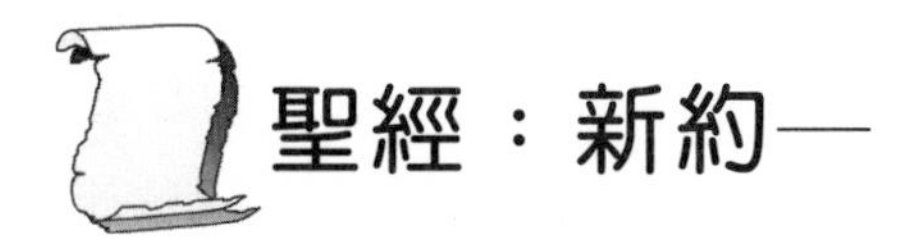

聖經：新約—

啓示錄中所有“有關將來地震”經文的節錄：

1. 揭開第六印的時候，我又看見**地大震動**...。(六章 12a 節)
2. ...隨有雷轟、大聲、閃電、**地震**。(八章 5b 節)
3. 正在那時候，**地大震動**，城就倒塌了十分之一；因地震而死的有七千人，其餘的都恐懼，歸榮耀給天上的神。(十一章 13 節)
4. 當時　神天上的殿開了，在祂殿中出現祂的約櫃；隨後有閃電、聲音、雷轟、**地震**、大雹。(十一章 19 節)
5. 又有閃電、聲音、雷轟、**大地震**，自從地上有人以來，沒有這樣大、這樣厲害的地震。那大城裂為三段，列國的城也都倒塌了。(十六章 18、19a 節)

序言

PREFACE

在這本「拙著」出版付印的前夕，我想說一些感謝的話。

1997 年我是拿著政府的公費博士後獎學金，帶著當年十歲的長女鄭郁，到美國加州矽谷著名的 Standford University 的 John Blume Earthquake Engineering Center擔任訪問學者一年，我才開始全心投入「地震預測」這個過去完全陌生的研究領域。政府給了我完全夠用的經費(兩個人)，史丹佛大學給了我極佳的研究環境(除了中心個人的獨立研究室外，我多半時間都利用史大二十個圖書館之一的地球物理圖書館的豐富館藏)，鄭郁的優異適應使我無「後顧之憂」，紅木城教會一群可愛的主內兄姊等，留下了一年美好的甜美回憶。

感謝我在中央大學土木所博士班的指導教授蔣偉寧副校長，亦師亦友的他在這十五年來給我的一切幫助。他不僅令人尊敬，我也以他的第一個博士班研究生爲榮。

感謝高苑科大廖峰正校長、余玲雅諮議長。民國八十年學校創校第三年，我仍在首任教務主任任內學校讓我第一次赴中大進修博士學位，還記得當年廖校長欣然同意的極力推薦！八十六年赴美當時亦正在首任的技術合作處主任任內，高苑第二度同意我赴美在職進修一年。

我要感謝聯合報民意論壇的記者與主編，從 1999 年起讓我在該報陸續的發表有關地震活動趨勢分析的十一篇文章。這是六年多來多次的鼓勵，今天我也把這些文章收在本書的附錄內。

我要感謝我的妻子丁櫻樺女士和家人給我多年的支持、幫助、鼓勵與許多適時的安慰。

感謝教育部技職司張國保司長讓高苑綠中心有機會在「2006 年國際發明與技術交易展」中發表這本新書(綠中心共發表六本研發成果)，也感謝高苑科大工程學院給我機會開科技通識「台灣未來的地震」這門課程。

最後我要感謝在我一生中一路扶持牧養我的　神。

鄭魁香　謹序

前言

PREFACE

這一本書共分成十五章，維繫著一個主題「台灣地區未來的地震」，也就是想清楚的回答：多久後，在台灣什麼地區，會有多大的地震將會發生？它又會產生多大的災害？

地震在時間與空間的分布上是極爲不均勻的，主要是受到板塊運動的聚合隱沒、碰撞與邊緣變形等的邊界現象以及板塊內活動斷層錯動的雙重影響所控制的。這是本書第三章與第四章的主要內容。第一章主要是一些與地震及減災有關的專有名詞介紹。第二章「台灣的地震活動特性」主要是藉著今年401與416這兩個地震序列的分析，合理推論401地震序列是發生在歐亞大陸板塊之上，而416地震序列則是發生在菲律賓海板塊上，首言台灣地震的複雜性。第三章與第四章則分別介紹控制板緣型地震與海溝型地震的兩大原因：「台灣地區的板塊構造環境」以及「台灣地區的活動斷層分布與現況」。這本書的主題是「台灣地區未來的地震」，本文先以第五章「台灣地區地震活動性分析」基本上從“時空”這兩個角度來分析台灣地區地震活動性的框架問題。另外則是用六至九章來談台灣地區的未來地震這個主題。第六章談「台灣地區七級強震的未來趨勢」，這是台灣地區地震在不同震度震級上唯一有明顯規律的震級，它也基本上規範了六級地震的活動性。災害性地震是一般民眾比較關心的，而在台灣地區多半要規模六以上的地震才會發生災害。因此，本文在第七章分析了「台灣地區六級地震的未來趨勢」。接下來選擇了台灣首善地區的台北盆地和未來地震災害潛勢最高的嘉南地震帶，分別分析它們各自的未來地震潛勢。第十章我們交代了地震災害的預測問題，並以台北盆地爲例分析未來可能的地震災害損失與簡介此種分析方法。第十一章本書介紹了我們發展出的一年尺度地震趨勢分析法，是以年度最大地震爲分析目標，並以 2006 年爲例，預測的結果可以和實際的地震目錄資料進行比較討論。第十二章是介紹地震預測最有希望突破的地震前兆觀測方法，並介紹高苑科大如何應用「圈層藕合」的前兆觀測理論。第十三章是以未來的嘉南大地震爲主，再談地震的前兆，以及綜合檢視目前已出現的各種地球物理、地震地質和地震學的各種前兆或現象。第十四章則是在校對過程中補上去的，在比較完整的恆春地震序列目錄中，對2006年12月26日晚上8:26分規模7.0的恆春雙主震，再進行後續的分析，第十五章後記則交代台中港地區未來的強震潛勢以及與彰化斷層的關係。

附錄部分收集了1999至2004年間我在聯合報民意論壇上所發表的11篇短文。這些多半都是因應台灣地區這幾年一些強地震的發生，回應記者的要求所發表的文章，雖然滿足了幾小時後即需交稿的要求，但分析方法與資料不夠完整，所以列在附錄內僅供參考與作爲紀念。

第一章 防震減災 28 問 1-1

第二章 由 401 與 416 的地震序列看台灣地區板塊邊界的地震活動特性 2-1

第三章 台灣地區的板塊構造環境 3-1

第四章 台灣地區的活動斷層分布與現況 4-1

第五章 台灣地區地震活動性分析 5-1

第六章 台灣地區七級強震的未來趨勢 6-1

第七章 台灣地區六級以上地震的未來趨勢 7-1

第八章 台北盆地的未來地震潛勢 8-1

第 九 章　嘉南地震帶的未來地震潛勢　9-1

第 十 章　地震災害預測　10-1

第十一章　2006 年台灣地區地震趨勢分析　11-1

第十二章　地震前兆觀測　12-1

第十三章　未來的嘉南大地震　13-1

第十四章　後記—恆春雙主震分析　14-1

第十五章　後記—台中港地區未來五十年的地震潛勢　15-1

參考文獻　附-2

地震報導　附-4

防震減災 28 問

Q 1.地球內部劃分幾層？地震發生在哪些層？哪一層地震發生最多？

A：地球半徑約為6,370km，由外而內可分為三層，第一層稱為地殼(Crust)，平均厚度 35km；第二層稱為地函(Mantle)，平均厚度2900km；第三層稱為地核(Core)，平均厚度3500km，外核為液態，其餘則為固態。

地殼可分為上部地殼與下部地殼，與上地函的頂部合成岩石圈(厚約100km)，其下方100-250km 為一低速帶，板塊即飄移在此低速帶上，該低速帶提供地殼內孕育地震的能量。

地震大都發生在地殼，約佔地震發生總數的 92%，剩下 8%的地震則發生在上地函。

Q 2. 什麼是地震？為什麼會發生地震？

A：一般我們所說的地震指的是構造性地震。因地球內部物質不斷對流運動，產生帶動地殼活動的能量，進而造成板塊邊界運動與板塊內部斷層錯動的結果，這就是地震發生的原因。

Q 3. 地震能釋放出多大的能量？

A：世界上使用儀器紀錄到最大規模的地震是發生在 1960 年智利 8.9 級地震，在發生後的一天半內，還發生了 3 次地震規模達 8.0 的地震，2 次地震規模 7.0 以上的地震，能量之大，空前絕後。

一焦耳能量相等於在一任意物件上加上一牛頓的力，使之移動 1m 距離；也等於在地心吸力影響下舉起一個重 102g 的蘋果。而地震規模達 8.9 的能量約有 1.4×10^{18} 焦耳，發生在智利 8.9 級的地震群總能量達 3×10^{18} 焦耳，如果將該能量換算成電能，相當於一個 10 萬千瓦功率的發電廠連續發電 400 多年的電量總和。

地震也有 0 級以下的，能量只有 6.3×10^{4} 焦耳，小至連儀器都不易檢測出來。地震規模相差 1 級，能量相差 1.4^{10} 倍(約 30 倍)，請參考下表。

表 1-1　不同地震規模所釋放的能量表

地震規模	能量(焦耳)	地震規模	能量(焦耳)
0	6.30×10^{4}	5	2.00×10^{12}
1	2.00×10^{6}	6	6.30×10^{13}
2	6.30×10^{7}	7	2.00×10^{15}
2.5	3.55×10^{8}	8	6.30×10^{16}
3	2.00×10^{9}	8.5	3.55×10^{17}
4	6.30×10^{10}	8.9	1.40×10^{18}

Q 4. 地球上每天平均要發生多少次地震？多大地震規模的地震才會對人類構成威脅？

A：地球上每時每刻都在發生地震，使用儀器可量測到的地震每天平均有 14000 次，其中讓人能感受到的地震約有 140 次。

一般而言人可以感受到的地震規模約 2.5，台灣地區陸域地震規模 5.6 以上即可能會造成局部輕微的災害，而地震規模 6.2 的地震所釋放的能量相當於 1 枚投向廣島的原子彈。地震規模達 7.0 以上(相當 16 顆廣島原子彈的能量)通常會造成嚴重的災害。

Q 5. 根據成因，地震可以分為哪幾種類型？

A：一般可分爲以下五種類型：

表 1-2

NO.	地震成因類型	說明
1	構造地震	岩層破壞或斷層錯動所引發的地震，一般人所說的地震即屬之，其震源深度通常在 70km 以內(淺源地震)，世界上災害性地震大都屬於淺源地震。
2	火山地震	火山爆發時氣體噴出或岩漿噴發所引發的地震，此種地震佔世界地震總數的 7%左右，地震規模通常比較小，影響範圍有限。
3	塌陷地震	地下岩洞坍塌、隕石衝擊地表、大型山崩或礦區坍塌而引發的地震，此種地震佔世界地震總數的 3%左右，地震規模小、影響範圍有限。
4	誘發地震	因人類的活動引發或誘發的地震，通常是積蓄在地體構造的能量已達臨界，而人類因工程需求有蓄水、大量抽水、挖掘等方式引發或誘發的地震。
5	人工地震	核試爆、工程爆破、機械震動等引起的地面震動，一個能量爲一萬噸 TNT 的核爆炸，可以相當於地震規模 4.5 的地震。

Q 6. 依據構造地震發生的不同特點，又可將其分為哪幾種類型？

A：可分爲四種類型：

孤立型地震：前震與餘震都很少，並與主震的規模相差懸殊，而累積的能量基本上是透過主震所釋放的。

主震型地震：主震的規模通常比較明顯，主震釋放的能量佔總能量的90%以上，並且有很多餘震。按照有無前震可分爲兩種：前震—主震—餘震型和主震—餘震型。

震群型地震：此種地震係透過多次規模相近的地震將能量釋放出來，沒有明顯的主震。

混合型地震：係由兩種不同類型的構造地震產生的地震，如1976年唐山地震是由規模7.8的主震型、規模7.1的主震型和規模6.2、6.9、6.2的震群型三種系列組成的，沒有明顯的前震，此類地震是不容易辨識出來的。

Q 7. 什麼是震源、震央、震央距離？

A：地震錯動的起始點稱爲震源(Hypocenter)，震源在地球表面的投影點稱爲震央(Epicenter)，震央到地面任何一點的距離稱爲震央距離(Epicenter distance)。

Q 8. 什麼是震源深度？何謂淺層地震、中層地震和深層地震？

A：震源與震央的距離稱爲震源深度，震源深度在0-30km 稱爲極淺層地震(Very shallow earthquake)，在 30-70km 稱爲淺層地震(Shallow earthquake)，在70-300km稱爲中層地震Intermediate earthquake)，在300-700km者稱爲深層地震(Deep earthquake)，台灣發生的通常是淺層地震，西部地區的震源深度大多小於35km。

Q 9. 什麼是地震規模？決定地震規模大小的因素是什麼？

A：地震規模用來表示地震能量大小的等級，能量越大，地震規模越大；地震規模相差1級，能量相差約30倍。

Q 10. 地震震度是什麼？震度與地震規模有什麼關係？又有什麼不同？

A：地震震度表示地震發生時造成地面破壞的情況，而地震規模是用來表示地震所釋放出來的能量大小，就好比地震規模像是500磅的TNT炸藥所爆發的威力，而震度是以此炸藥在某一地點爆炸破壞的程度。同一地點相同環境，地震規模大，震度就大。一地震只有一個地震規模，這與該地震能量有關。或許我們這樣形容，當一個500磅的炸藥爆炸後，對不同的地區就會產生不同的破壞程度，所以一個地震規模，可以產生多個地震震度。

Q 11. 影響地震震度大小的主要因素有哪些？

A：地震規模、震央距離、震源深度、地質構造和建築物的基地條件，都是影響地震震度的主要因素。

Q 12. 世界上哪些地方最容易發生地震？為什麼？

A：一般在板塊的邊界上與板塊內部的活動斷層上最容易發生地震。板塊之間的水平移動與俯衝碰撞，板塊的邊界剛好是構造地質活動較活躍的地方，因此在板塊邊界上板塊間彼此的相互作用，是引起地震的主要成因。

Q 13. 世界上哪些地方地震最多？

A：根據統計，世界上有76%的地震能量釋放在環太平洋地震帶，全球絕大部分地震也相應發生在這個地震帶上。

Q 14. 什麼是都市"直下型地震"？

A：震源在都市底下的地震稱為都市"直下型地震"，此名詞係由日本學者提出，通常此類的地震對都市會造成直接的災害。它所造成的人員傷亡、經濟財產的損失都會大大超過非都市發生的直下型地震。

Q 15. 發生過大地震的地方還會再發生強震嗎？

A：廣義的答案：會的。通常該地區發生規模 7.0 以上的地震後，一定會再發生規模 6.0 以上的地震。總而言之，某地區已發生過大地震，地震活動的頻率會隨時間逐漸衰減，一段時間平靜後，能量逐漸隨時間蓄積，經過長時間的累積，會再次爆發地震。

Q 16. 從未發生過大地震的地方，會不會地震？

A：端視該地區是否處在板塊邊緣或斷層處，以及地底下地質結構情況。一般而言從未發生地震的地方通常是遠離地震帶，故此發生地震的機會非常小。

Q 17. 地震有沒有反覆性、週期性和規律性？

A：通常我們會透過地震在空間中的活動與時間中的關係，來判定地震是否有無發生的規律，根據歷史的地震定位資料分析，答案應該是肯定的。

Q 18. 有感地震過後，會不會發生大地震？

A：此問題得由地震類型來判斷，地震類型我們通常分成四類：孤立型，前震—主震—餘震型、主震—餘震型，震群型與混合型。第二類(前震—主震—餘震型)與第三類(震群型)主震前常會有有感地震的前震。這二類的地震類型，在前震(有感地震，較小)發生後，很快會有主震(更大地震)發生。

Q 19. 地震造成人員傷亡的直接原因是什麼？

A：主要的直接原因是地表的破壞和建築物、工程設施的破壞與倒塌。有人對世界上130次造成巨大傷亡的災害性地震做過統計，發現其中95%以上的傷亡是由於建築物、工程設施破壞、倒塌所造成的。

Q 20. 地震中，影響人員傷亡的因素有哪些？

A：這裡所指的"地震中"是表示地震發生的當時和地震發生後，其中影響人員傷亡的直接因素有以下幾點：

⑴ 地震規模和地震震度：當地震規模大、地震震度大的時候，表示最靠近發震的震源處，當然死亡人數會增加。

⑵ 震央距離：越靠近震央，死亡人數會增加。

⑶ 震源深度：震源越深，造成地表的破壞通常會比較少；反之，則會造成許多的災損。

⑷ 建物耐震能力：一般而言，房屋倒塌數量在百棟以內，則會造成數十人的傷亡。

⑸ 有無可靠的地震預警。1975年2月4日中國遼寧海城規模7.3的地震，事先有可靠的地震預報，採取了疏散群眾的措施，僅死亡615人，受傷近百人，估計減少15萬人的傷亡。

⑹ 是否引發二次災害：地震如果引發火災、水災、傳染性疾病，則會擴大災損的情況。

(7) 人口密度：發震的地區人口越稠密，則死傷人數也會越多。

(8) 地震的時間：如發震的時間在深夜，則常常因睡夢中來不及逃避而造成死傷的人數往往比白晝發生造成死傷人數還多。在冬季容易造成身體失溫進而死亡，而夏季則會加速腐爛的速度，引發傳染疾病。

Q21. 影響地震災害大小的因素有哪些？

A：主要分成兩大因素：自然因素與社會因素。

自然因素有地震規模、震央距離、震源深度、發震時間、發震地點、地震類型、地質條件等。

社會因素則包括建築物耐震能力、人口稠密程度、經濟發展情況、社會文明程度、民眾心理對於地震的恐懼程度等。

Q22. 地震能引起海嘯嗎？

A：地震能引起海嘯，海嘯預測的主要資料來源就是地震。但須注意環境上的條件：第一，地震必須發生在深海海溝附近的海底；第二，地震規模需大於6.5以上；第三，震源深度要小於25km。

Q23. 何謂地震前兆？常見的地震前兆現象有哪些？

A：地震前在自然界出現與地震有關的異常現象稱爲地震前兆。而地震前兆又可分爲兩種：宏觀前兆與微觀前兆。

宏觀前兆通常可透過生物對於地震發生前，所產生感官上異常的現象，例如地下水位、水溫變化、動物習性異常、地音、地光、火球等等而觀測到。

而微觀前兆通常透過儀器來量測自然界與地震有關的異常前兆，例如地震發震次數異常、地殼變形、地磁、地電流、重力、地應力等的變化、水中氡含量異常或其他地球物理或化學上的變化等。

Q24. 地震時，如何根據震感判斷是近震還是遠震？

A：如要透過震度來判斷地震的遠近，則必須了解地震波種類與傳遞情況，一般可分爲三種地震波：

(1) 縱波(P 波，Primary wave)：在震央區感受到的就是上下震動，在地殼中傳遞速度約5000-6000m/sec。

(2) 橫波(S 波，Secondary wave)：在震央區感受到就是前後或左右搖晃，在地殼中傳遞速度約3000-5000m/sec。

(3) 表面波(L波，Love wave)：質點沿著水平面產生和傳播方向垂直的運動，在地殼中傳遞速度約3000-4000m/sec。

三種波的速度比P波：S波：L波＝1.7：1：0.9。

因此，如果能明顯的區分出上下與前後、左右的不同震動，則震央距離一定較遠。

Q25. 地震時，人們緊急避險的時間有多少？

A：通常從人們感受到晃動到房屋倒塌的時間，大約只有13秒左右。

Q26. 地震時究竟是就地"躲避"還是"跑"？哪種為上策？

A：從過去歷史的經驗，就地就近"躲避"，地震後馬上撤離到安全地區，此爲地震應急避險的"上策"。

Q27. 地震時，在家裡(公寓、樓房)，該如何躲避地震？

A：記住六個字：判斷、躲避、疏散。以下是中央氣象局提供的『地震防護要點』：

(1) 保持鎮定並迅速關閉電源、瓦斯、自來水開關。

(2) 打開出入的門，隨手抓個墊子等保護頭部，儘速躲在堅固家具、桌子下，或靠建築物中央的牆站著。

⑶　切勿靠近窗戶，以防玻璃震破。

⑷　切記！不要慌張地往室外跑。

Q 28. 在戶外遇上地震，該怎麼辦？

A：根據中央氣象局提供的『地震防護要點』：

⑴　站立於空曠處或騎樓下，不要慌張地往室內衝。

⑵　注意頭頂上方可能有如招牌、盆景等掉落。

⑶　遠離興建中的建築物、電線桿、圍牆、未經固定的販賣機等。

地震時在室外的交通避難措施如下：

①　若在陸橋上或地下道，應鎮靜迅速地離開。

②　行駛中的車輛，勿緊急刹車，應減低車速，靠邊停放，人躲進附近騎樓下。

③　若行駛於高速公路或高架橋上，應小心迅速駛離。

④　若在郊外，遠離崖邊、河邊、海邊，找空曠的地方避難。

由 401 與 416 的地震序列看台灣地區板塊邊界的地震活動特性

今年(2006年)4月1日傍晚6時2分，台東市北方大約10 km處發生了一次規模爲6.4(現已修正爲6.2)、震源深度10 km的極淺層強烈地震。當天，正巧是台東縣縣長補選當選人鄺麗貞的就職日。無獨有偶，4月16日清晨6時40分，在0401震央東方21 km處的外海，又發生一次規模爲6.2(現已修正爲6.0)、震源深度11.7 km的極淺層強震。我們先看看中央氣象局地震測報中心郭凱紋主任的說法，他說二次地震都屬獨立發生，彼此沒有關聯，而且都有多次餘震，分散式的能量釋放反而比較安全，民眾不必太過驚慌。

民國95年4月2日「聯合報」綜合版標題：「6.4強震 －台東人：比921還恐怖」，次標題則爲「震源10公里－搖晃很明顯－ 42人受傷 7000多戶一度停電 幾天內還會出現規模5左右的餘震」。0401的地震

是自2004年1108花蓮東方外海96.6 km發生規模6.7的強震以後，16個月以來台灣地區(北緯21°～26°，東經119°～123°)發生規模最大的一次地震。另外，在23個月以前，民國93年5月19日亦曾在0416東南方11 km處發生過一起規模6.5的強震，震源深度也只有8.7 km深。

0401與0416這兩個地震序列(主震相距21 km)，前者(含所有餘震)發生在歐亞大陸板塊上，而後者(含所有餘震)則發生在菲律賓海板塊上。間接證實菲律賓海板塊在台東與歐亞大陸板塊碰撞擠壓；而且因著大陸板塊與海洋板塊的差異性，亦造成兩個地震序列的發展炯然不同。

首先我們可以先檢視這個地震區域的一些時空背景。

由圖2-1和圖2-2我們可以發現：以地震規模大於等於6.0的地震次數和最大規模來看，0401區在90年期間是3次，平均30年1次，最大規模爲6.4。0416區在90年期間則爲2次，且最大規模爲6.0。若再比較圖2-2，以地震規模5.5以上來看，50年間0401區是9次，也就是9次中的6次規模是介於5.6～6.0之間。再看0416區，50年間規模大於等於5.5的地震有14次，其中12次的規模是介於5.6～6.0之間。由此簡單分析可得知，0401區規模較大，頻次較低；而0416區規模較小，但中強震頻次偏高。

圖2-3是台灣附近海域的地形圖，我們可以清楚看到0401的震央位置在花東縱谷縫合線的南端，而0416的震央位置則在呂宋島弧和海岸山脈的構造線上。圖2-4是2000版的台灣活動斷層分布圖，0401的地震震央非常靠近編號42的利吉斷層，而且離鹿野斷層也不遠。利吉斷層與鹿野斷層均屬第二類的活動斷層，因在碰撞擠壓帶上，斷層均爲逆移斷層。由圖2-5台東縱谷南段地質剖面圖來看，鹿野斷層(縱谷南段斷層)因爲係高角度逆衝斷層，401的震源倒有可能發生在鹿野斷層的斷坡上。

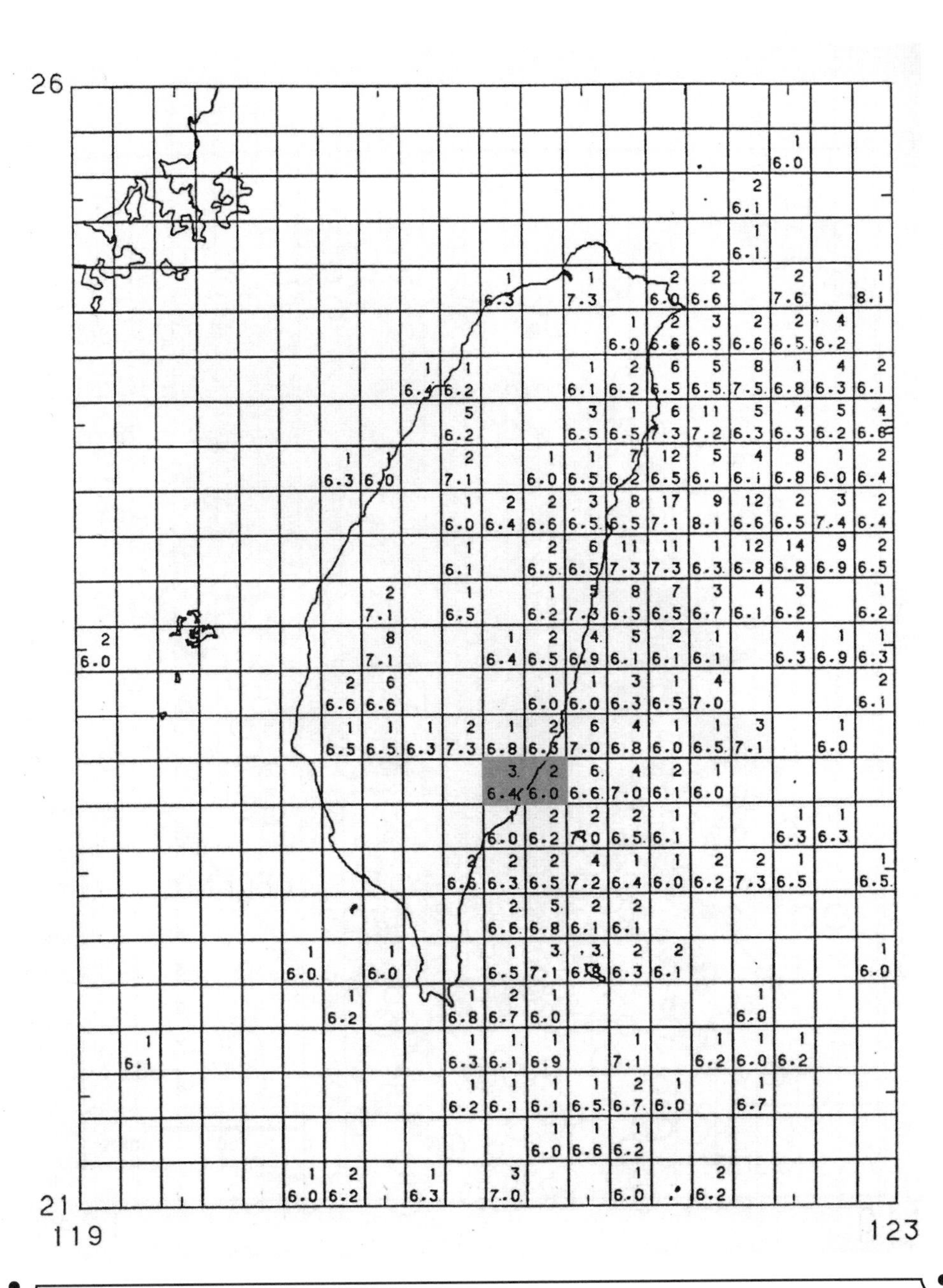

圖 2-1　西元 1898 年至 1988 年間台灣地區地震規模大於等於 6.0 的地震次數分布圖，圖中方格面積為 12'×12'，方格上方阿拉伯數字為此時期的地震次數，而下方數字為此時期的最大地震規模。
(摘自西元 1640 年至 1988 年台灣地區地震目錄，1989)

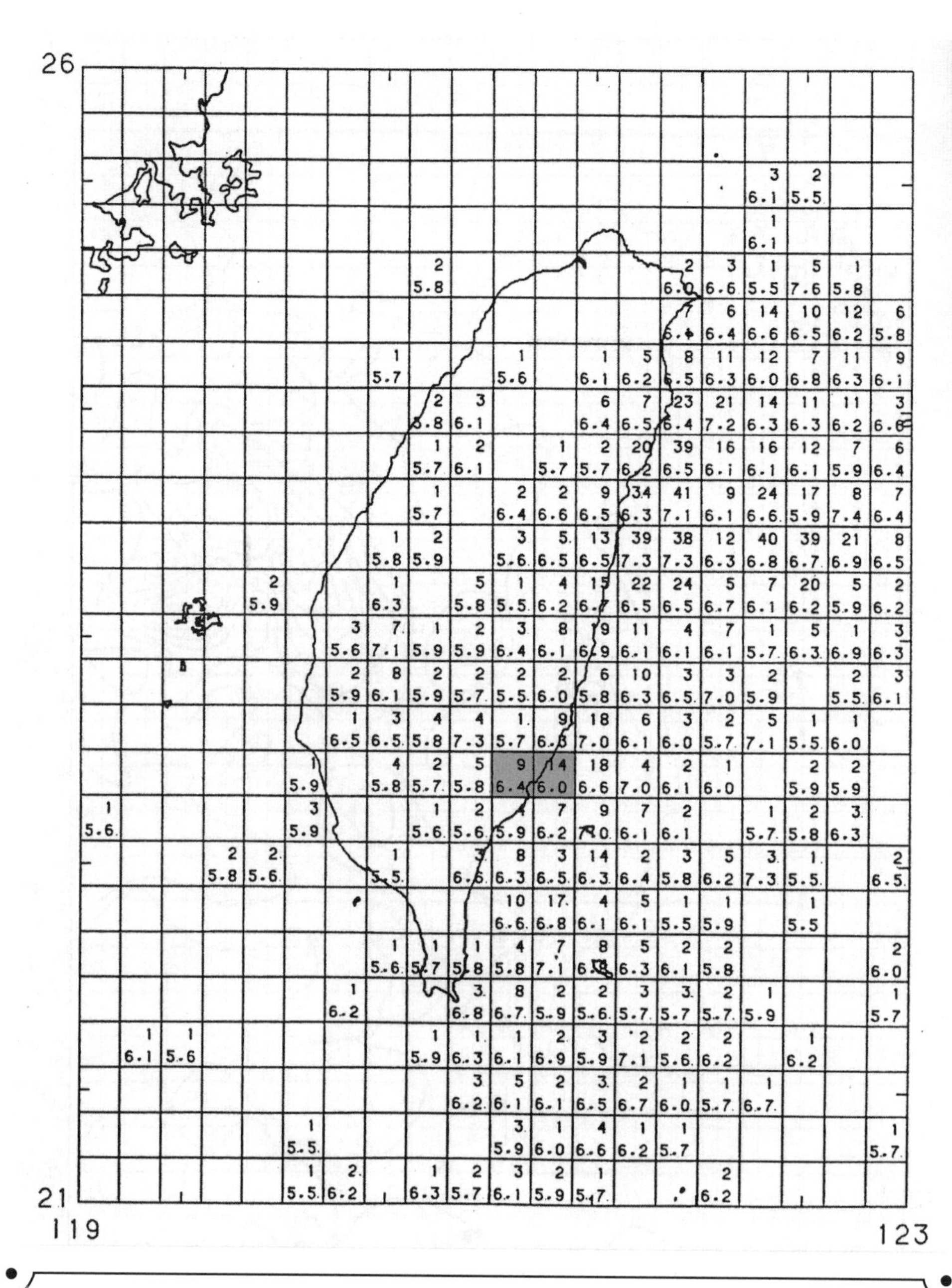

圖 2-2　西元 1936 年至 1988 年間台灣地區地震規模大於等於 5.5 的地震次數分布圖，圖中方格面積為 12'×12'，方格上方阿拉伯數字為此時期的地震次數，而下方數字為此時期的最大地震規模。

(摘自西元 1640 年至 1988 年台灣地區地震目錄，1989)

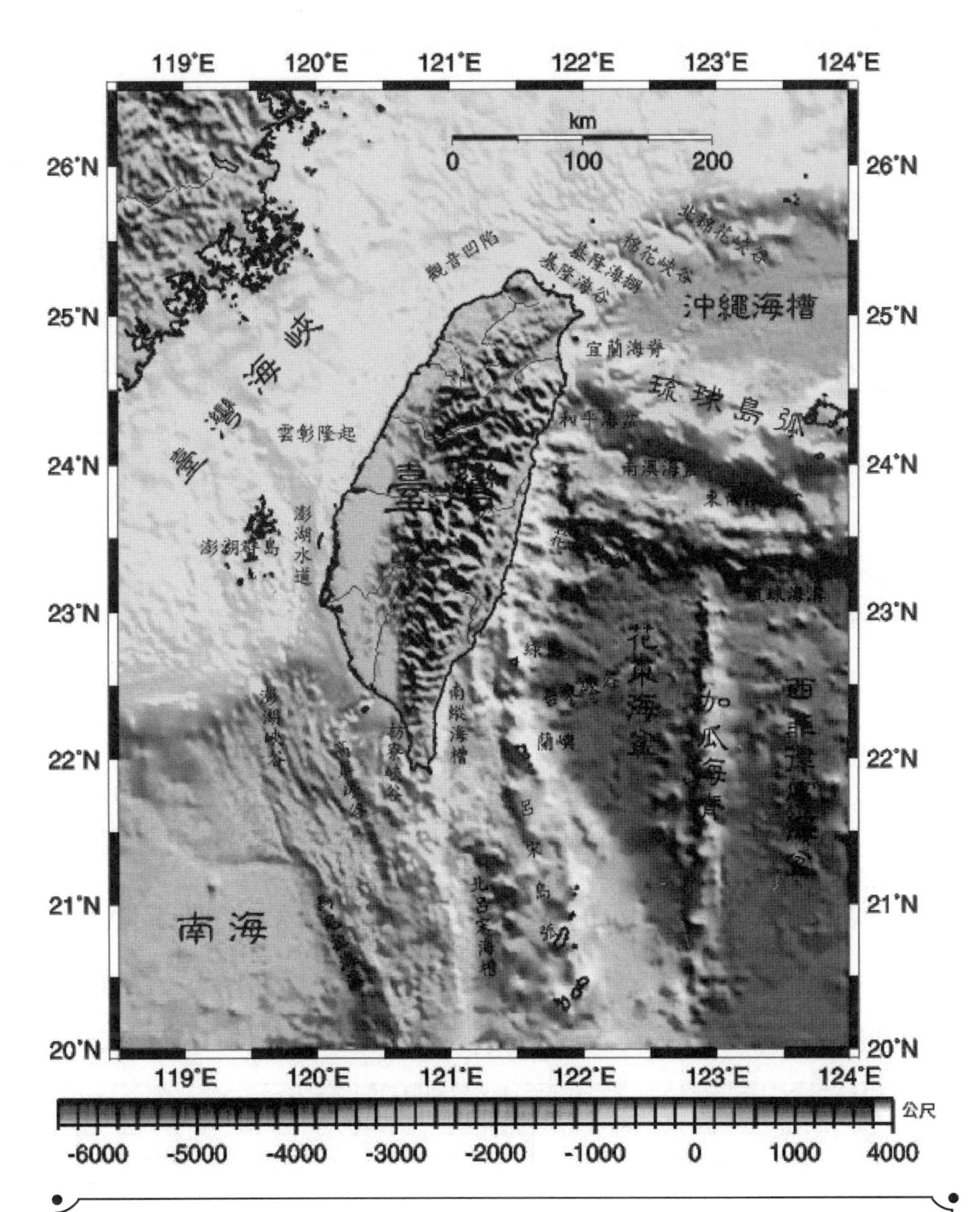

圖 2-3　台灣周圍地形圖
(國家海洋科學研究中心，1998)

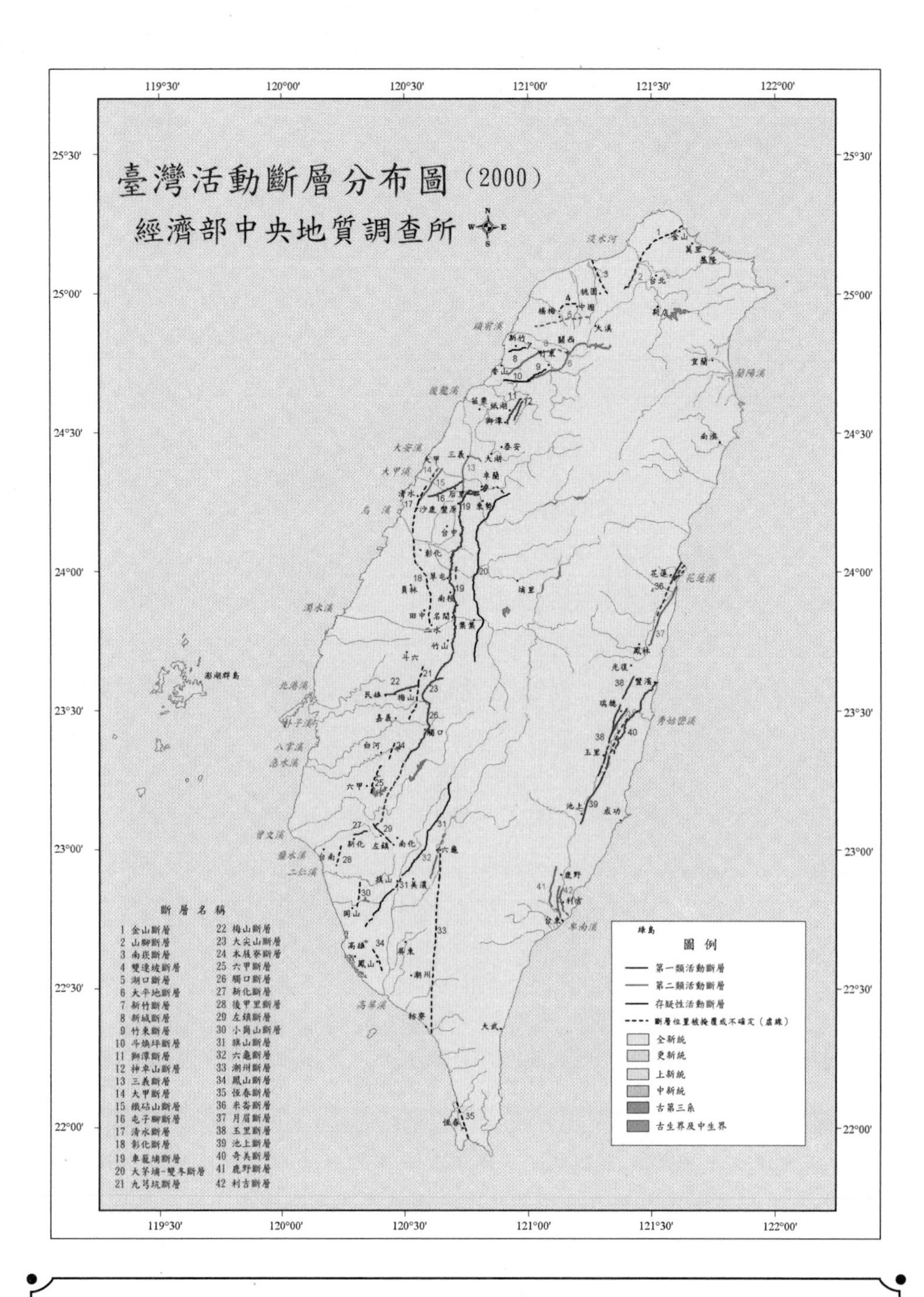

圖 2-4　台灣活動斷層分布圖
(經濟部中央地質調查所，2000)

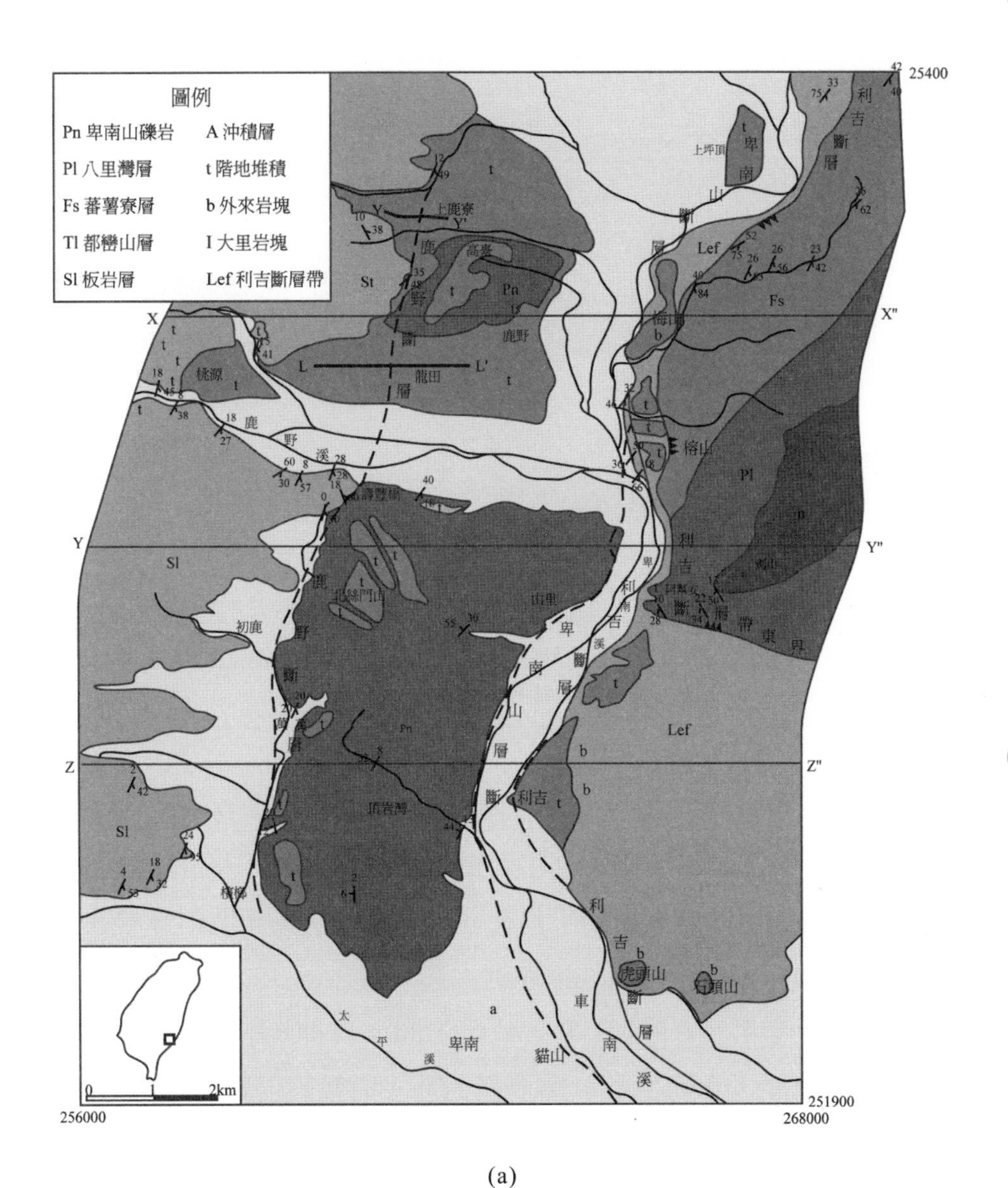

圖 2-5　(a) 台東縱谷南段的活動斷層與斷層條帶地質圖與(b) 地質剖面圖
(摘自經濟部中央地質調查所特刊，2004)

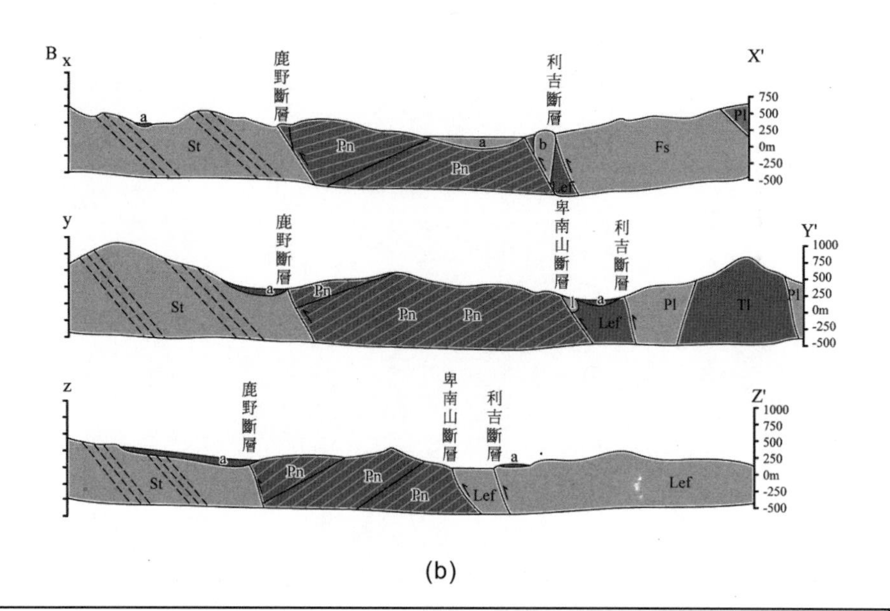

(b)

圖 2-5　(a) 台東縱谷南段的活動斷層與斷層條帶地質圖與(b) 地質剖面圖(續)
(摘自經濟部中央地質調查所特刊，2004)

表 2-1 係 0401 的地震序列，主震規模 M6.2，最大強餘震爲主震後 38 分鐘的 M4.8 (ΔM＝ 1.4)，地震序列持續 124 天，末了餘震規模爲 M3.2，所有 49 個餘震規模幾乎都在 3.5 以上。震央範圍則分布在 184 km^2的面積。0416 台東外海地震序列主震規模 M6.0，最大強餘震爲主震後 61 分鐘的M4.3 (ΔM＝ 1.7)，421 的M3.4 爲 416 序列的尾震。(604 的M5.0 與 605 的M3.9 應爲 0416 誘發的雙主震較爲合理)，地震序列持續 5 天，末了餘震規模爲M3.4，規模 3.4 爲最小的餘震，震央範圍則分布在約 330 餘平方公里的面積上。

表2-1　0401台東地震序列

No.	日期	時間	規模	北緯	東經	深度
1	4/1	18:02	6.2	22.88	121.08	7.2
2		18:05	4.6	22.90	121.08	8.7
3		18:40	4.8	22.86	121.11	11.5
4		19:10	3.3	22.87	121.08	4.2
5		19:49	3.7	22.82	121.11	5.8
6		19:53	4.2	22.88	121.11	7.4
7		1958	3.9	22.80	121.07	5.2
8		20:26	3.0	22.87	121.08	10.2
9		20:56	4.2	22.87	121.11	9.7
10		22:01	3.8	22.91	121.08	13.8
11		22:10	3.7	22.88	121.11	8.4
12		22:14	3.6	22.88	121.11	10.3
13		22:36	3.6	22.89	121.09	5.9
14	4/2	00:56	3.7	22.89	121.11	7.6
15		04:38	3.9	22.90	121.12	7.4
16		08:05	3.4	22.88	121.11	9.7
17		10:22	3.5	22.91	121.12	6.9
18		10:58	4.1	22.87	121.11	2.2
19		11:20	3.6	22.88	121.11	5.2
20		11:23	3.7	22.88	121.10	11.7
21		13:28	3.9	22.68	121.11	8.3
22		13:43	3.3	22.86	121.12	9.3

表 2-1　0401 台東地震序列(續)

No.	日期	時間	規模	北緯	東經	深度
23		14:31	3.6	22.87	121.12	5.1
24		16:04	3.9	22.91	121.08	6.1
25		19:29	3.1	22.89	121.09	7.0
26	4/4	13:39	4.5	22.89	121.12	7.6
27		14:48	4.5	22.93	121.12	7.3
28		14:59	4.5	22.88	121.13	7.7
29		15:01	3.5	22.89	121.10	11.4
30		15:06	3.6	22.89	121.11	7.2
31		15:36	3.7	22.88	121.12	7.7
32		20:49	4.5	22.87	121.10	9.9
33		22:12	3.8	22.90	121.11	8.9
34	4/5	09:02	3.9	22.89	121.12	7.3
35		11:35	4.0	22.93	121.12	7.2
36		14:24	3.4	22.93	121.13	8.0
37	4/8	10:08	4.3	22.77	121.05	7.5
38	4/17	04:13	3.8	22.79	121.07	5.9
39		04:36	3.8	22.79	121.07	6.0
40	4/21	14:29	3.5	22.76	121.06	6.2
41	4/22	23:10	3.5	22.93	121.12	6.8
42	5/12	20:35	4.0	22.76	121.07	6.7
43	5/25	04:52	4.3	22.90	121.08	7.8
44	6/01	10:26	4.4	22.77	121.05	7.9

表 2-1　0401 台東地震序列(續)

No.	日期	時間	規模	北緯	東經	深度
45	6/3	00:31	3.5	22.76	121.05	7.2
46	6/7	18:57	3.4	22.74	121.08	5.5
47	6/20	11:00	3.5	22.91	121.09	11.9
48	6/23	19:14	3.8	22.91	121.09	12.1
49		21:46	3.8	22.91	121.09	12.2
50	8/2	15:56	3.2	22.79	121.07	5.9

資料來源：中央氣象局(王仁志、賴銘峰、許耿強整理)

圖 2-6 是 0401 與 0416 震央分布比較圖。圖 2-7 和圖 2-8 則爲 0401 與 0416 地震序列的縱斷面與橫斷面圖。深度 12km處似乎有一個分界面，0401 地震序列震源深度多半在 12km以內，而 0416 地震序列其震源深度則多半在 12 公里以下。在圖 2-8 中，大膽假設歐亞大陸與菲律賓海的板塊界線，也可以看出歐亞大陸板塊在台東段縫合線上的地質構造比較破碎，地質材料比較堅硬；而菲律賓海板塊在台東段的縫合線上，地質材料相對較軟一點，能儲存較多的應變能，地震頻率相對也比較的低。

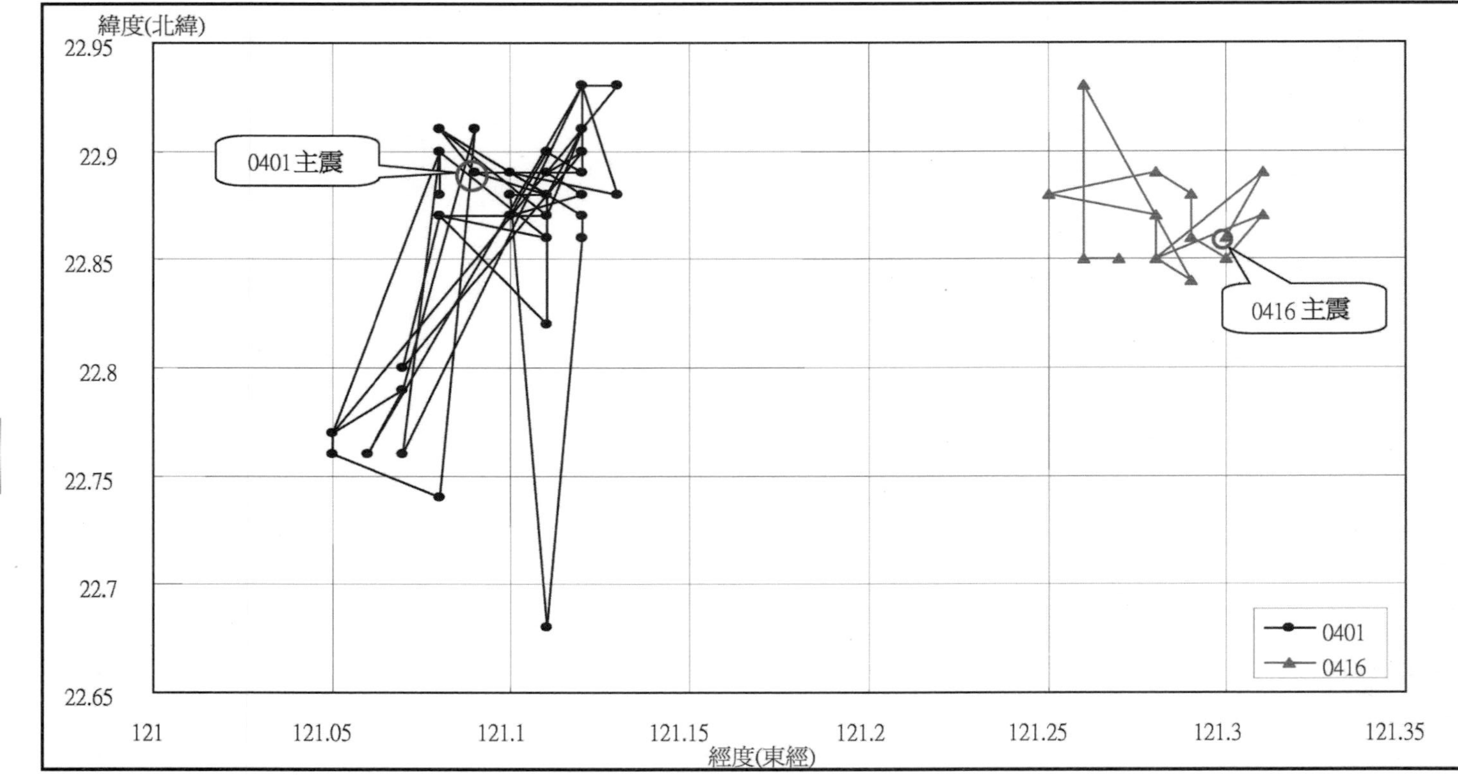

圖 2-6　台東 0401 與 0416 地震序列震央位置比較圖(王仁志、賴銘峰、許耿強繪製)

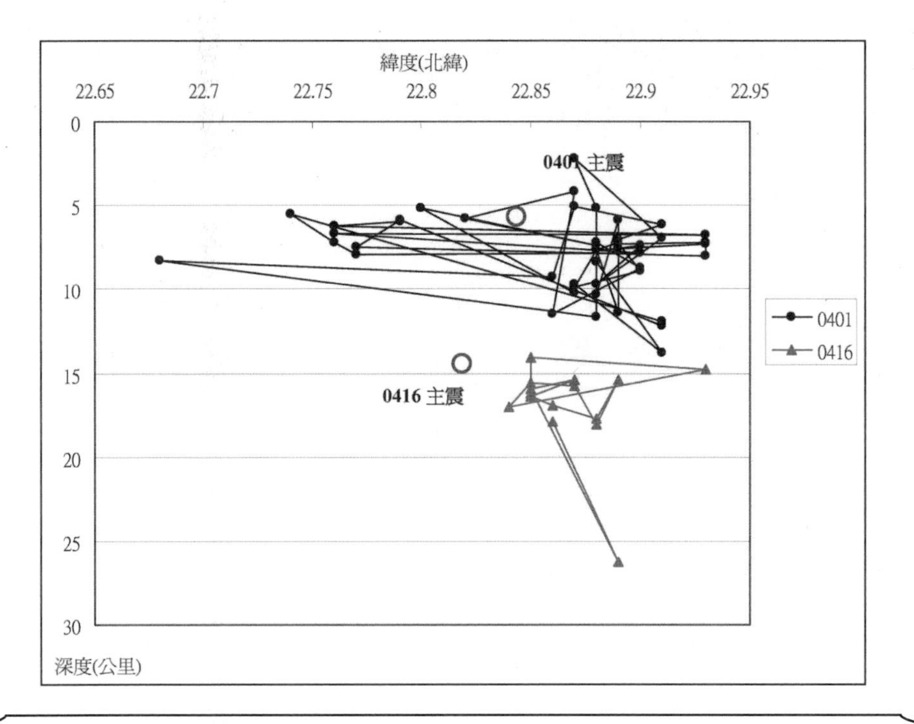

圖 2-7　台東 0401 與 0416 地震序列縱斷面圖(王仁志、賴銘峰、許耿強繪製)

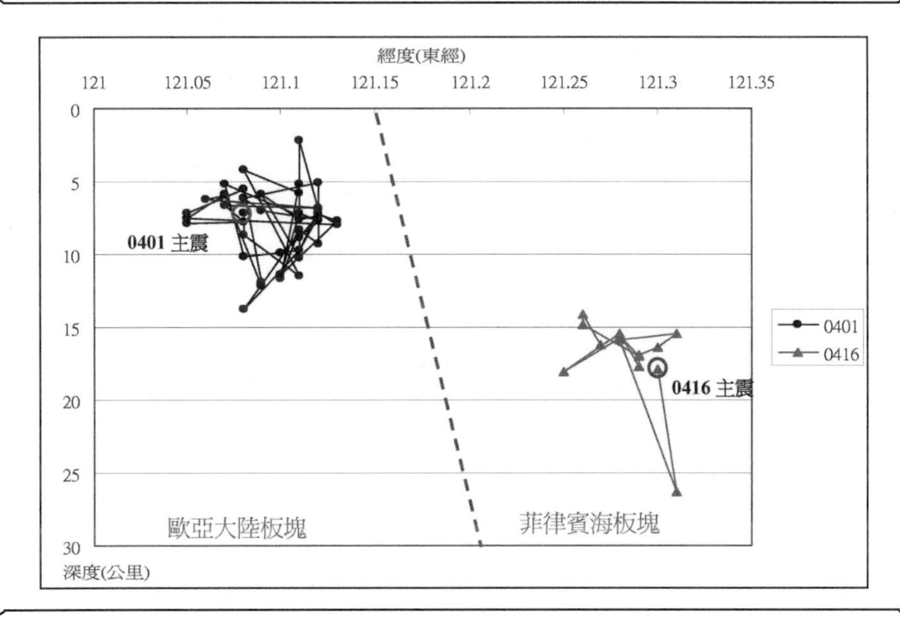

圖 2-8　台東 0401 與 0416 地震序列橫斷面圖(王仁志、賴銘峰、許耿強繪製)

表 2-2　0416 台東地震序列

No.	日期	時間	規模	北緯	東經	深度
1	4/16	06:40	6.0	22.86	121.30	17.9
2		06:44	3.9	22.89	121.31	26.3
3		06:49	4.0	22.85	121.28	15.9
4		07:28	3.8	22.87	121.31	15.4
5		07:29	3.6	22.85	121.30	16.4
6		07:41	4.3	22.86	121.29	16.9
7		08:25	4.0	22.88	121.29	17.7
8		10:56	4.1	22.89	121.28	15.4
9		11:41	3.7	22.88	121.25	18.1
10		12:49	3.7	22.87	121.28	15.8
11	4/18	20:33	3.8	22.85	121.28	15.6
12	4/20	05:52	3.9	22.84	121.29	17.0
13	4/21	13:32	3.4	22.93	121.26	14.8
*14	6/04	17:06	5.0	22.85	121.26	14.1
*15	6/05	00:06	3.9	22.85	121.27	16.2

*註：604 與 605 爲雙主震系列，應爲 416 所誘發。

資料來源：中央氣象局(王仁志、賴銘峰、許耿強整理)

台灣地區的板塊構造環境

台灣地區板塊構造環境是由歐亞大陸板塊與菲律賓海板塊聚合、碰撞與隱沒所造成的。基本上可分爲南北兩個弧(島弧)溝(海溝)系統，北有琉球海溝及琉球島弧；南邊則有呂宋島弧與馬尼拉海溝。其板塊構造示意如圖 3-1 所示。

我們若從台灣周圍海域海底地形圖，可以更清楚的看到南、北弧溝系統的各種主要構造單元，是如何的在南方海域與北方海域，分別各呈現出東西向與南北向的排列。

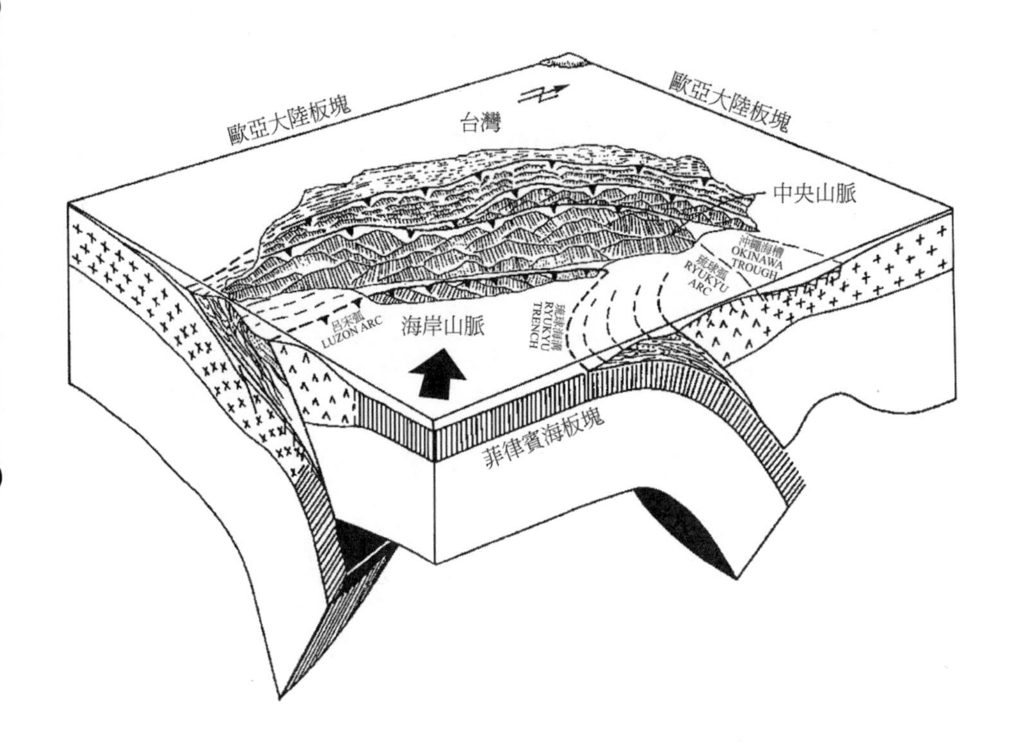

圖 3-1　板塊構造示意圖
(摘自 Angelier，1986)

南北兩個弧溝系統發展階段是不同的。我們看圖 3-2 台灣周圍海域地形圖，它是 1998 年的海底地形現況。依據黃奇瑜(1999)的說法，台灣週邊的弧(島弧)陸(歐亞大陸板塊)碰撞造山(導致中央山脈的崛起)，有四個階段：在北緯 21°20'以南爲板塊隱沒，火山作用活躍。在 21°20'～22°40'N則屬初期弧陸碰撞，火山活動已停止。22°40'～24°N之間屬後期弧陸碰撞(島弧向西逆衝，歸附隱沒到歐亞大陸之上，並形成台東縱谷的縫合線)。24°N～24°30'N 之間，則屬島弧陷落－隱沒(形成清水斷崖)，班尼奧夫地震帶向北傾斜達 270 公里。因此，台灣島的中南部屬於弧陸碰撞，北部則屬於弧陸崩毀，基本上台灣島弧北部與中南部所呈現的地質作用是不同的。

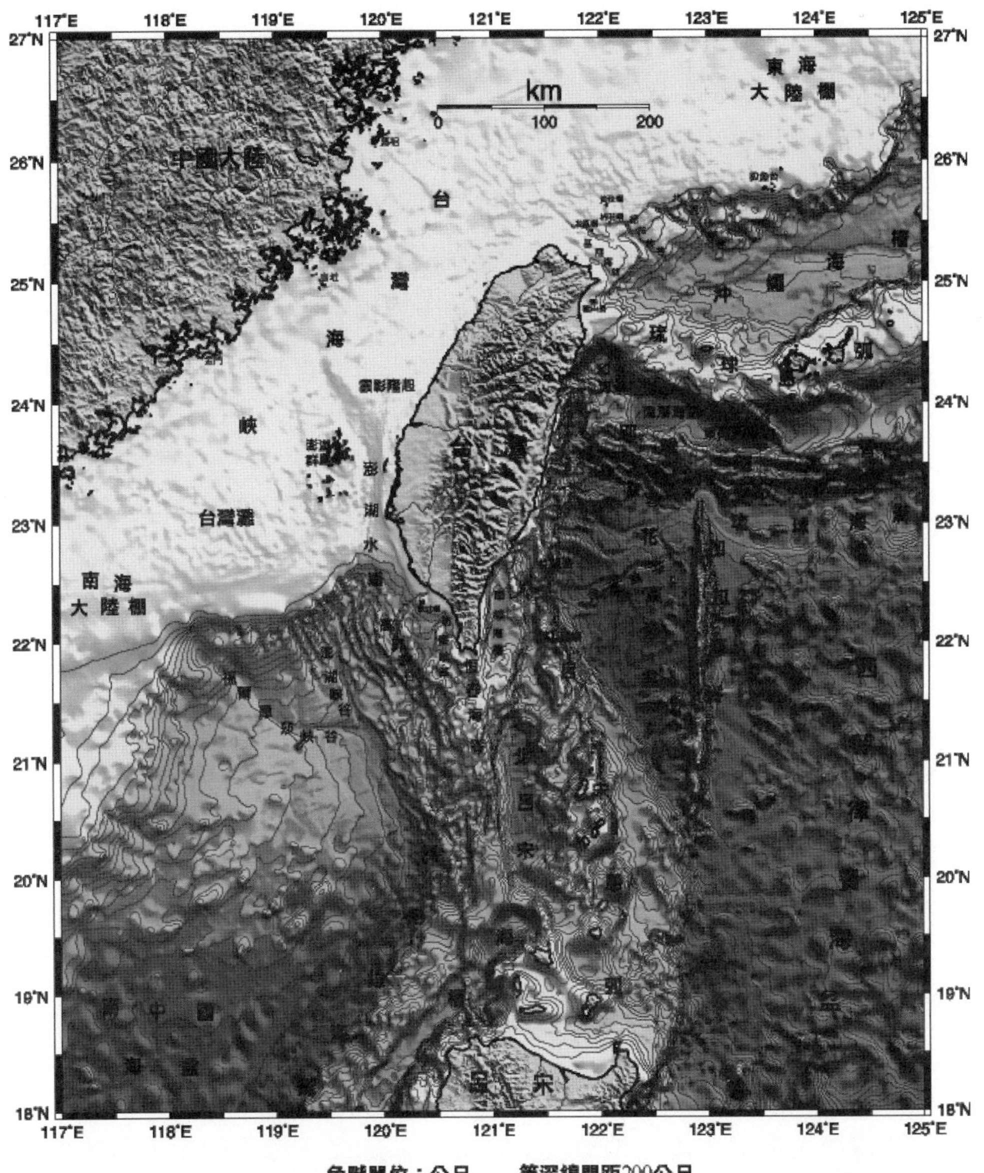

圖 3-2　台灣周圍海域海底地形圖
(國家海洋科學研究中心，1998)

如果我們再對照圖 3-3 弧溝系統的構造示意圖之後，台灣島北方的琉球弧溝系統，耶雅瑪海脊爲外弧；南澳海盆爲弧前盆地；琉球島弧(火山弧、岩漿弧)爲內弧；沖繩海槽則爲弧後盆地(弧間盆地)；殘留弧則爲東海大陸棚的南側外緣，東海則屬不活動邊緣盆地。至於台灣島南方的呂宋弧溝系統，是一個地質史中屬新生代的弧溝系統，歐亞大陸板塊的南中國海的子板塊在馬尼拉海溝向東隱沒到菲律賓海板塊上的呂宋島弧下方。呂宋弧溝系統的主要構造單元：恆春海脊是外弧；北呂宋海槽爲弧前盆地；呂宋島弧爲內弧(火山弧)；而西菲律賓海盆則爲弧後盆地。其弧溝系統構造示意則如下圖所示。

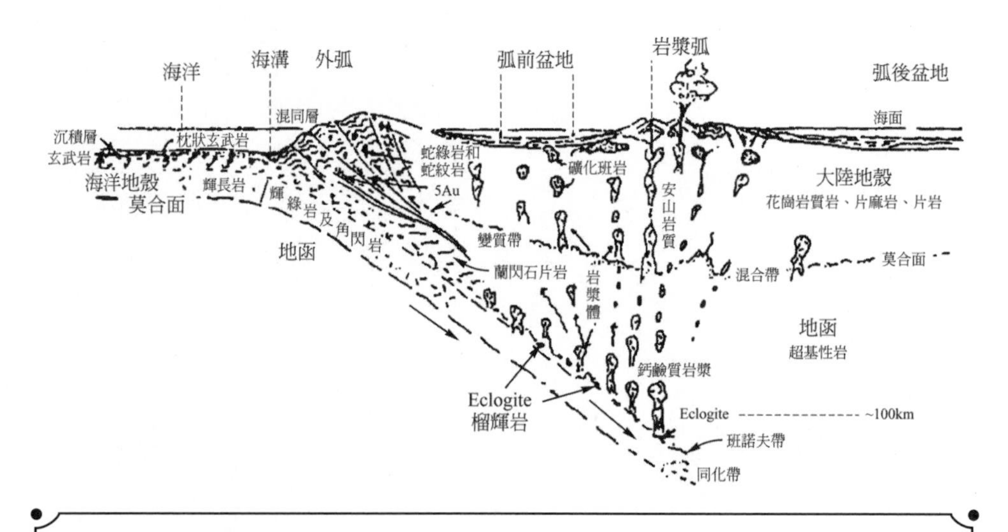

圖 3-3 弧溝系統構造示意圖
(摘自台灣地質，2006)

根據板塊構造學說，地球表面被大小共約二十餘塊的板塊所覆蓋。這些板塊是厚約 100 公里，由地殼及一部分的上地函頂部所構成的，又稱爲岩石圈。板塊最主要的有六大板塊，分別爲歐亞板塊、美洲板塊(可再分成北美洲板塊與南美洲板塊)、太平洋板塊、非洲板塊、南極板塊與印澳板塊等。板塊的邊界因著板塊的運動，而形成聚合或分離的邊界。通常板塊聚合邊界的產生，係由較重的海洋板塊隱沒、俯衝進入另一個海洋或大陸板塊的下方；在隱沒帶地震活動非常頻繁，又稱爲『班尼奧夫地震帶』(Benioff seismic zone)，地震多以逆斷層錯動的方式釋放能量。在隱沒帶上，一般海溝與島弧(或陸弧)是並行出現的。分離板塊界線主要是位在海洋地殼中的中洋脊和它頂部的裂谷。來自上地函軟流圈處的岩漿，即上湧至中洋脊，並推擠著海洋地殼向兩側移動。至於大陸地殼與大陸地殼的聚合，多半發生碰撞而相接熔合，因褶皺形成山嶺，例如印澳板塊與歐亞板塊聚合碰撞所形成的世界屋脊喜瑪拉雅山脈即爲一例。

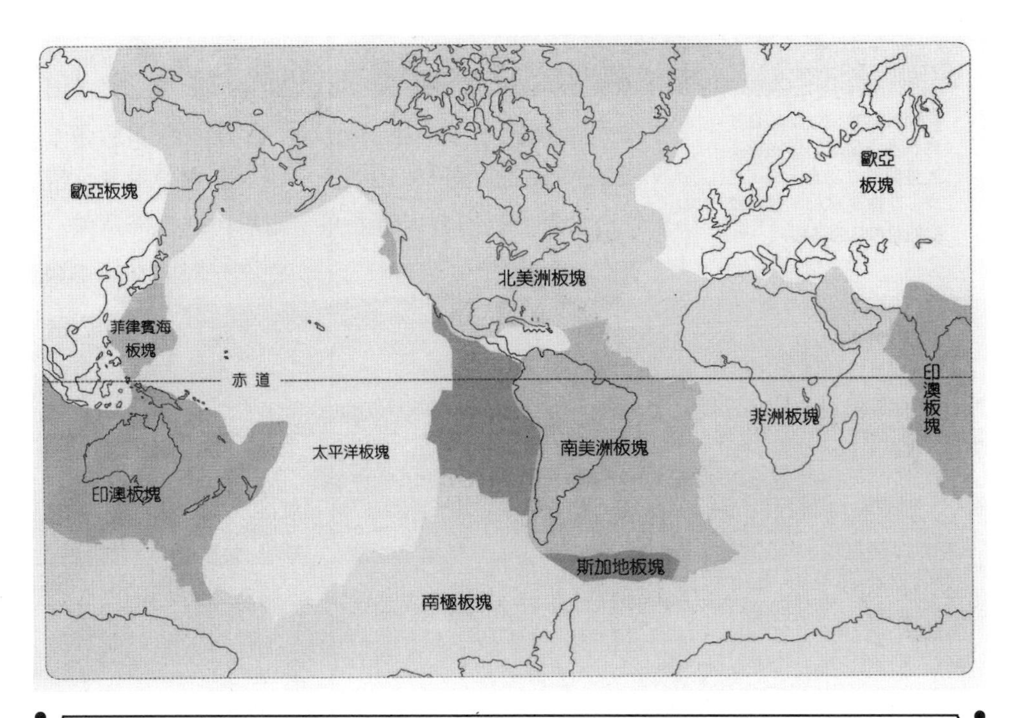

圖 3-4　六大板塊示意圖
(摘自台灣的斷層與地震，2004)

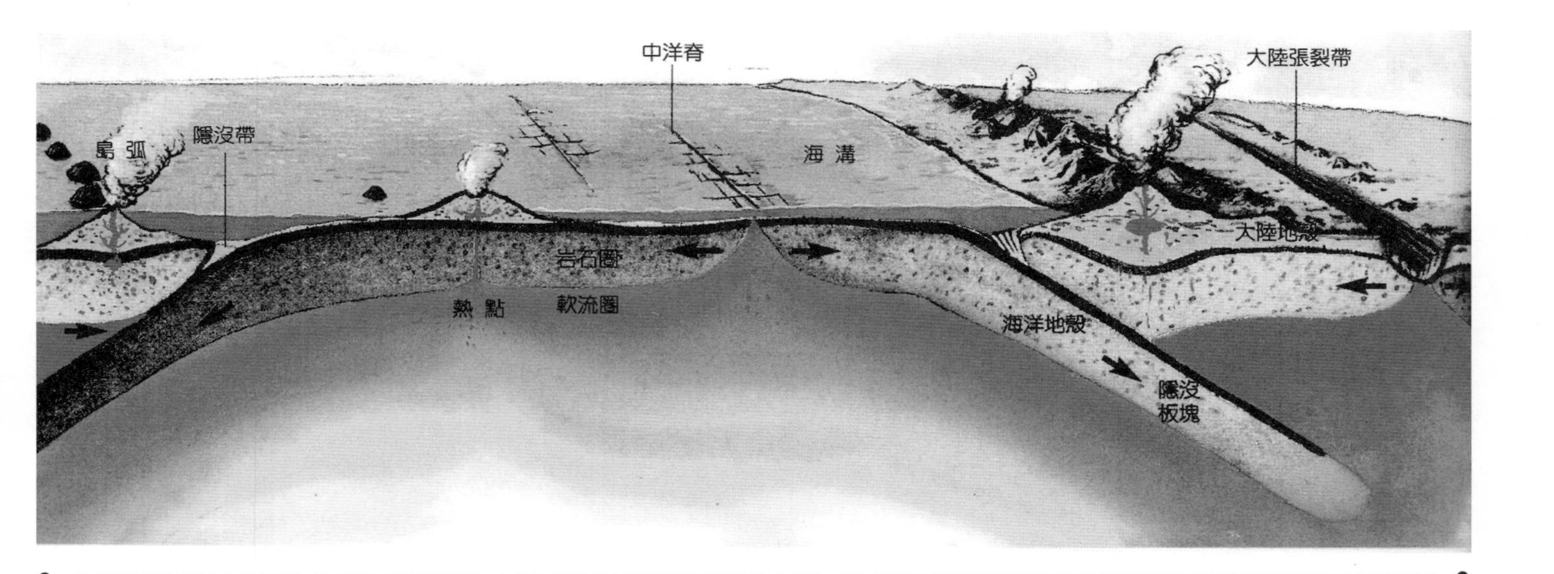

圖 3-5　板塊運動示意圖
(摘自台灣的斷層與地震，2004)

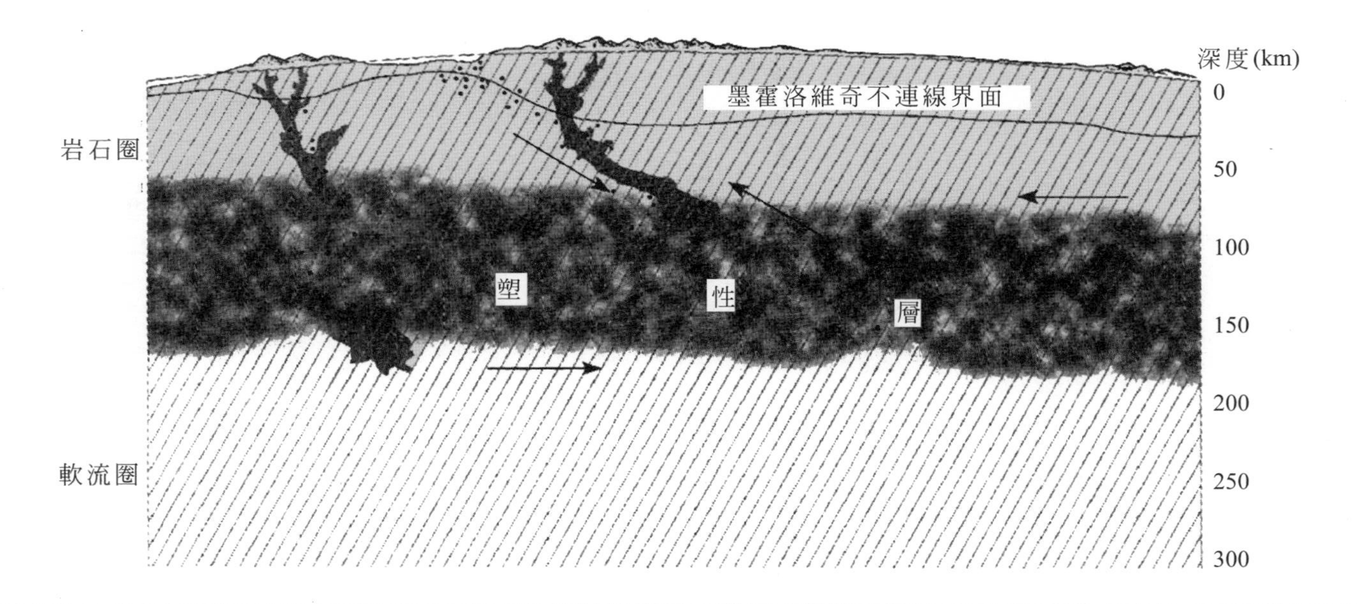

圖 3-6 軟流圈與岩石圈的運動示意圖
(摘自新地球觀，2000)

台灣地區板塊碰撞基本上是菲律賓海板塊(其西側外緣為呂宋島弧)自東南方以每年 8 至 9 公分速度向西北移動，斜向弧陸碰撞歐亞大陸板塊形成台灣造山帶如圖 3-7 所示。

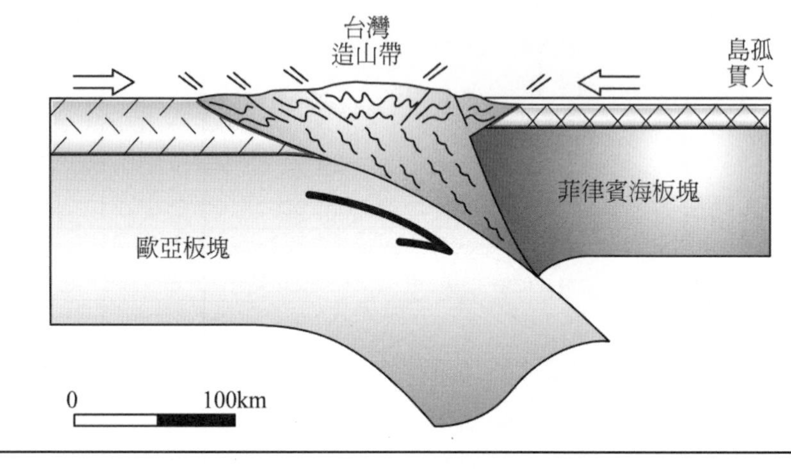

圖 3-7　台灣造山帶隆起示意圖
(摘自鄧屬予，1998)

菲律賓海板塊在北端於北緯 24 度附近琉球海溝處，北向高角 57 度轉 72 度俯衝隱沒入歐亞大陸板塊之下。但往南，菲律賓板塊與歐亞板塊縫合於花東縱谷。至海岸山脈南方反轉仰衝到歐亞板塊之上，其界線為東經 121 度左右。

呂宋島弧的西進像推土機鏟雪一樣，造成山脈抬升、褶皺、逆衝與斷裂，分別由東向西形成中央山脈、雪山山脈及西部麓山帶。西部麓山帶岩相未變質，但仍有地表變形，褶皺與逆斷層形成西部麓山沉積岩帶覆瓦狀構造的山地與台地。菲律賓海板塊呂宋島弧的碰撞如圖 3-8 所示。台灣地區地質單元分區則如圖 3-9 所示。板塊構造環境不僅形成了台灣地質分區，也在花東縱谷及西部麓山帶形成了 42 條活動斷層，帶給外海(海溝型地震)和島內(斷層型地震)極高的地震潛勢，這也是邊塊聚合邊界常常伴隨著強震的基本原因；而環太平洋地震帶即為全球最著名的板塊聚合邊界地震帶一例。

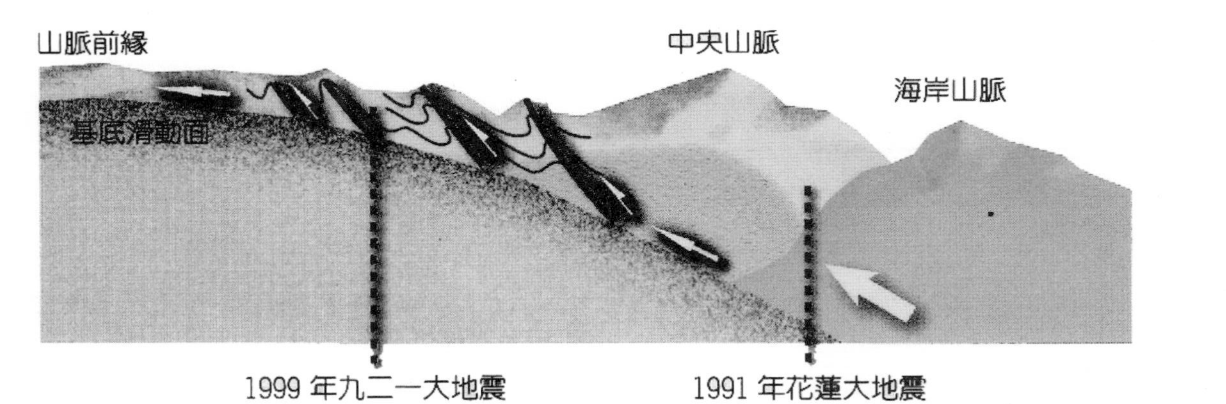

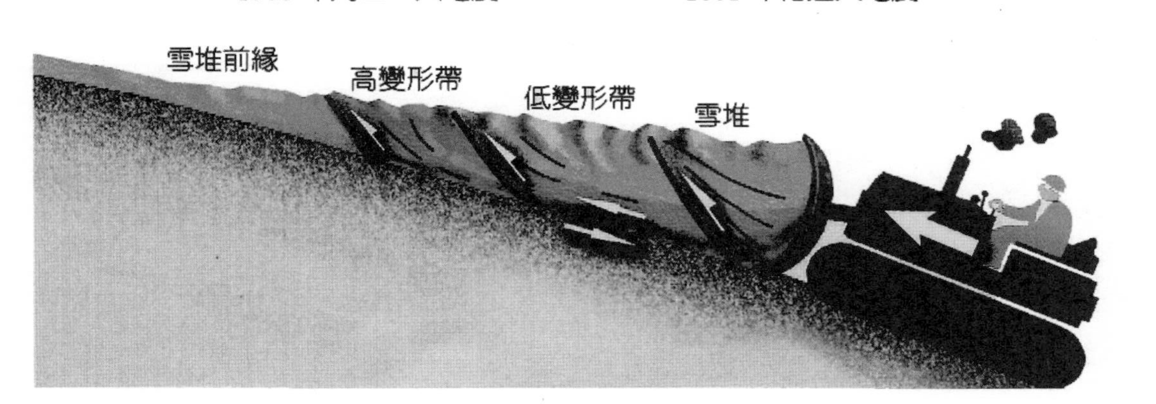

圖 3-8　呂宋島弧碰撞示意圖
(摘自台灣的斷層與地震，2004)

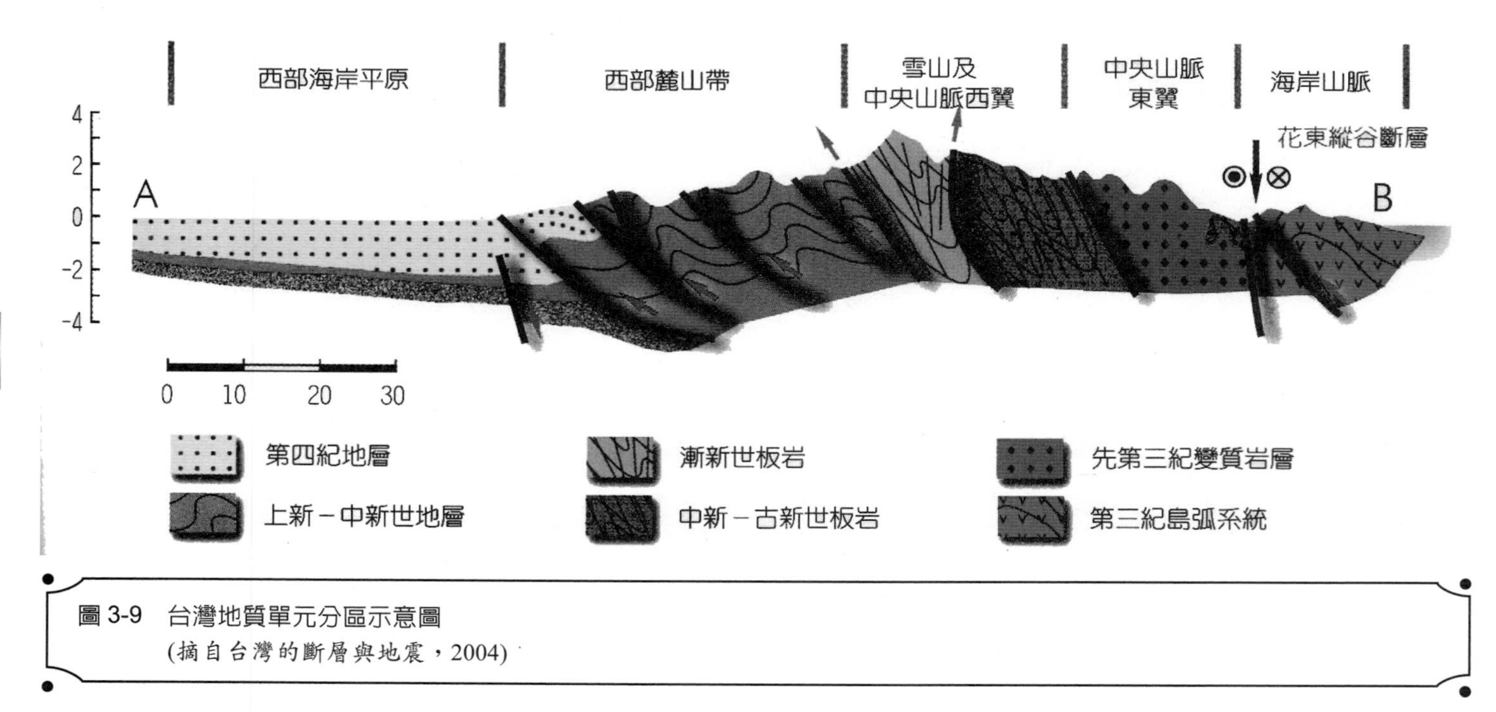

圖 3-9　台灣地質單元分區示意圖
(摘自台灣的斷層與地震，2004)

Chapter 4 台灣地區的活動斷層分布與現況

斷層(Fault)是地殼岩石圈岩層的斷裂並產生位移的所在。依斷層破裂面以上的上盤和以下的下盤的相對位移關係，可將斷層分為正斷層、逆斷層與平移斷層；當然，這和產生錯動位移的地質應力場是張應力、壓應力與剪應力而有所不同。岩層內因受力累積的應變能達到岩石的破裂強度時，即突然破裂錯動釋放能量，並以地震波形式將大部份能量傳遞出去，謂之地震。因此，斷層和地震是息息相關的；地震造成的地表岩層破裂可稱為地震斷層，而以斷層方式釋放能量則稱為斷層地震，這是台灣島內地區最常見的地震型態。不過，岩層破裂錯動不一定可立即於地表出露，或許震源深度較深，或是地震所釋放的能量不夠大，都可能使得岩石圈內的破裂錯動而未即於地表，這種斷層稱為盲斷層，因身處地表之下通常不易被調查所發現。斷層在地表的出露常為一線形型態，謂之斷層線(面)，多次錯動岩層破碎稱為斷層帶；或已久久不再活動或規模較小即形成為地質構造上的剪裂帶。

台灣位處歐亞板塊與菲律賓板塊的擠壓、碰撞與隱沒地區，南北兩個弧溝系統的持續構造作用，造成台灣陸體的不斷隆起、抬升、褶皺、變形與破裂，地質構造活動激烈。在這樣的板塊聚合邊界，無論在花東縱谷或西部麓山變形帶都分布有為數不少的活動斷層。我們以經濟部中央地質調查所的活動斷層分類標準，界定是否為活動斷層並分類。

表 4-1

第一類活動斷層	(全新世活動斷層)：
	1. 全新世(距今 10,000 年內)以來曾經發生 錯移之斷層。 2. 錯移(或潛移)現代結構物之斷層。 3. 與地震相伴發生之斷層(地震斷層)。 4. 錯移現代沖積層之斷層。 5. 地形監測證實具潛移活動性之斷層。
第二類活動斷層	(更新世晚期活動斷層)：
	1. 更新世晚期(距今約 100,000 年內)以來曾經發生錯移之斷層。 2. 錯移階地堆積物或台地堆積層之斷層。
存疑性活動斷層	(為有可能為活動斷層的斷層，包括對斷層的存在性、活動時代、及再活動性存疑者)：
	1. 將第四紀岩層錯移之斷層。 2. 將紅土緩起伏面錯移之斷層。 3. 地形呈現活動斷層特徵，但缺乏地質資料佐證者。

根據地調所 2000 年版的台灣活動斷層分布圖，台灣本島分布共有 42 條活動斷層，其中東部有 7 條，西部有 35 條。在這 42 條活動斷層中，第一類活動斷層有 12 條(其中 9 條為地震斷層)、第二類有 11 條、存疑性的有 19 條。42 條斷層中，屬於正斷層只有 3 條，有高達 34 條是逆(移)斷層，有 5 條是平移斷層(左移斷層有 3 條，右移斷層有 2 條)。其分布如下圖所示。其分區說明則詳參下述之表 4-2。

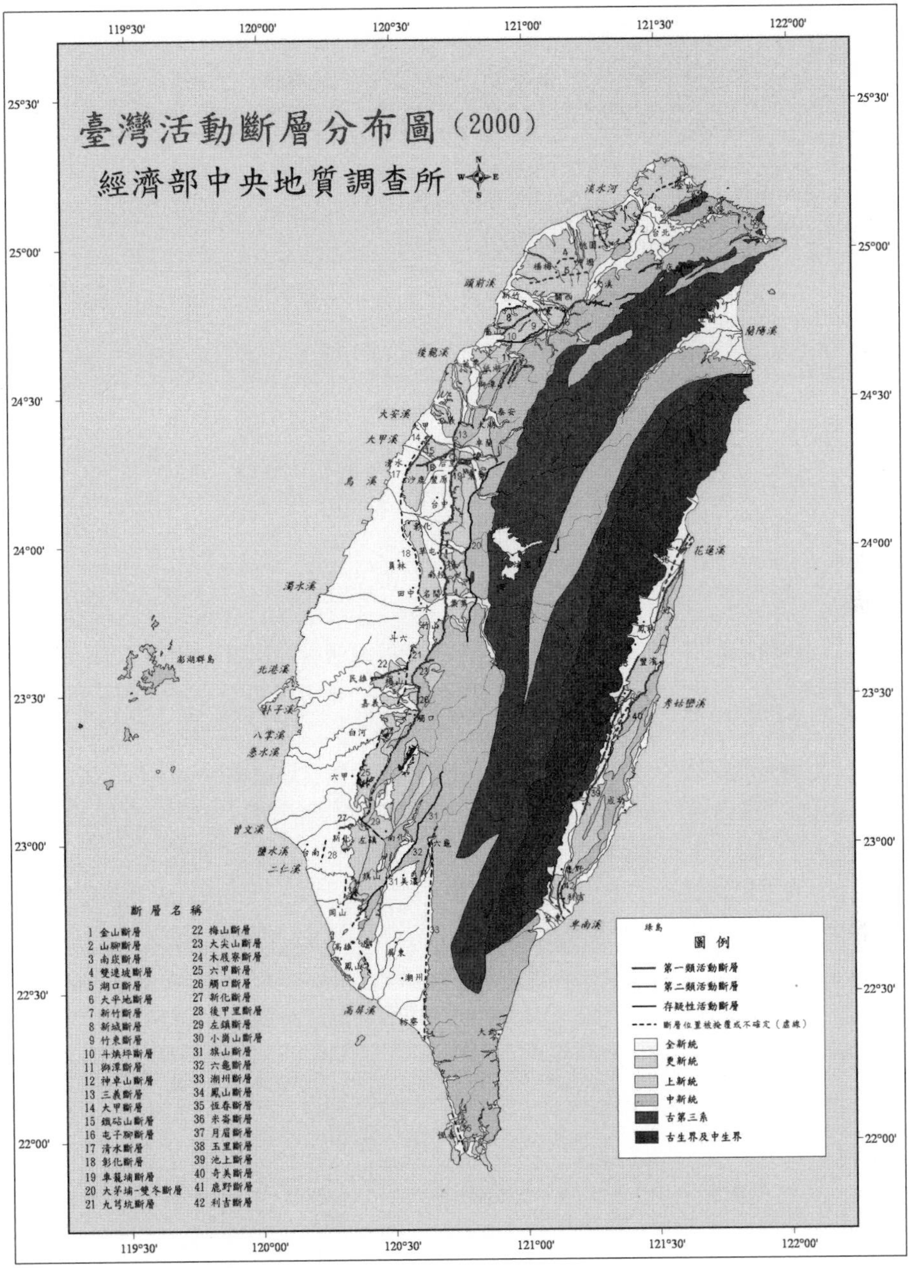

臺灣活動斷層分布圖(2000)

經濟部中央地質調查所

斷層名稱

1 金山斷層
2 山腳斷層
3 南崁斷層
4 雙連坡斷層
5 湖口斷層
6 大平地斷層
7 新竹斷層
8 新城斷層
9 竹東斷層
10 斗煥坪斷層
11 獅潭斷層
12 神卓山斷層
13 三義斷層
14 大甲斷層
15 鐵砧山斷層
16 屯子腳斷層
17 清水斷層
18 彰化斷層
19 車籠埔斷層
20 大茅埔-雙冬斷層
21 九芎坑斷層
22 梅山斷層
23 大尖山斷層
24 木屐寮斷層
25 六甲斷層
26 觸口斷層
27 新化斷層
28 後甲里斷層
29 左鎮斷層
30 小崗山斷層
31 旗山斷層
32 六龜斷層
33 潮州斷層
34 鳳山斷層
35 恆春斷層
36 米崙斷層
37 月眉斷層
38 玉里斷層
39 池上斷層
40 奇美斷層
41 鹿野斷層
42 利吉斷層

圖例

第一類活動斷層
第二類活動斷層
存疑性活動斷層
斷層位置被掩覆或不確定(虛線)
全新統
更新統
上新統
中新統
古第三系
古生界及中生界

圖 4-1　台灣活動斷層分布圖
(經濟部中央地質調查所，2000)

表 4-2　活動斷層新版與舊版比較表

臺灣北部					
1998 年版 斷層編號與名稱		2000 年版 斷層編號與名稱		活動斷層分類	斷層性質
1	金山斷層	1	金山斷層	存疑性	逆移斷層
2	崁腳斷層	錯移中新世地層			
3	台北斷層	錯移中新世地層			
4	新店斷層	錯移中新世地層			
		2	山腳斷層	二	正移斷層
5	南崁斷層	3	南崁斷層	存疑性	正移斷層
6	楓樹坑斷層	斷層兩側岩層連續			
7	雙連坡斷層	4	雙連坡斷層	二 → 存疑性	逆移斷層
8	楊梅北斷層	斷層兩側岩層連續			
9	楊梅南斷層	5	湖口斷層	二	逆移斷層
10	大平地斷層	6	大平地斷層	二	逆移斷層
11	新竹斷層	7	新竹斷層	存疑性	逆移斷層
12	香山斷層	斷層兩側岩層連續			
13	新城斷層	8	新城斷層	二	逆移斷層
14	柑子崎斷層	斷層兩側岩層連續			
15	竹東斷層	9	竹東斷層	存疑性	逆移斷層
16	斗煥坪斷層	10	斗煥坪斷層	二 → 存疑性	左移斷層兼具逆移性質

表 4-2 活動斷層新版與舊版比較表(續)

1998 年版 斷層編號與名稱		2000 年版 斷層編號與名稱		活動斷層分類	斷層性質
臺灣中部					
17	獅潭斷層	11	獅潭斷層	一	逆移斷層
18	神卓山斷層	12	神卓山斷層	一	逆移斷層
19	三義斷層	13	三義斷層	二	逆移斷層
20	大甲斷層	14	大甲斷層	二	逆移斷層 (盲斷層)
21	大甲東斷層	15	鐵砧山斷層	二	逆移斷層
22	屯子腳斷層	16	屯子腳斷層	一	逆移斷層
23	清水斷層	17	清水斷層	存疑性	逆移斷層 (盲斷層)
24	橫山斷層	併入鐵砧山斷層			
25	彰化斷層	18	彰化斷層	存疑性	逆移斷層
26	員林斷層				
27	田中斷層				
28	車籠埔斷層	19	車籠埔斷層	二 → 一	逆移斷層
29	新社斷層	階地崖(與大甲溪平行)，斷層兩側岩層連續			
30	大茅埔－雙冬斷層	20	大茅埔－雙冬斷層	存疑性	逆移斷層
臺灣西南部					
1998 年版 斷層編號與名稱		2000 年版 斷層編號與名稱		活動斷層分類	斷層性質
		21	九穹坑斷層	存疑性	逆移斷層兼具右移性質
31	梅山斷層	22	梅山斷層	一	右移斷層

表 4-2　活動斷層新版與舊版比較表(續)

1998 年版 斷層編號與名稱		2000 年版 斷層編號與名稱		活動斷層分類	斷層性質
臺灣西南部					
32	大尖山斷層	23	大尖山斷層	二 → 一	逆移斷層
33	木屐寮斷層	24	木屐寮斷層	存疑性	逆移斷層
34	六甲斷層	25	六甲斷層	存疑性	逆移斷層
35	觸口斷層	26	觸口斷層	二 → 一	逆移斷層
36	新化斷層	27	新化斷層	一	右移斷層
37	後甲里斷層	28	後甲里斷層	存疑性	正移斷層
38	左鎮斷層	29	左鎮斷層	存疑性	左移斷層
臺灣南部					
39	小崗山斷層	30	小崗山斷層	存疑性	逆移斷層
40	旗山斷層	31	旗山斷層	存疑性	逆移斷層
41	六龜斷層	32	六龜斷層	二	左移斷層
42	潮州斷層	33	潮州斷層	存疑性	逆移斷層兼具左移
43	鳳山斷層	34	鳳山斷層	存疑性	逆移斷層
44	大梅斷層	錯移中新世地層			
45	恆春斷層	35	恆春斷層	存疑性	逆移斷層
臺灣東部					
1998 年版 斷層編號與名稱		2000 年版 斷層編號與名稱		活動斷層分類	斷層性質
46	美崙斷層	36	米崙斷層	一	逆移斷層兼具左移分量

表 4-2　活動斷層新版與舊版比較表(續)

臺灣東部					
1998 年版 斷層編號與名稱		2000 年版 斷層編號與名稱		活動斷層分類	斷層性質
		37	月眉斷層	二	逆移斷層兼具左移分量
47	奇美斷層	40	奇美斷層	一	逆移斷層
48	玉里斷層	38	玉里斷層	一	逆移斷層兼具左移分量
49	池上斷層	39	池上斷層	一	逆移斷層兼具左移分量
50	鹿野斷層	41	鹿野斷層	二	逆移斷層
51	利吉斷層	42	利吉斷層	二	逆移斷層

台灣地區地震斷層共有 9 條，分別是梅山斷層(1906 年梅山地震，西南部)、獅潭斷層(1935 年新竹－台中烈震，中部)、屯子腳斷層(1935 年新竹－台中烈震，中部)、神卓山斷層(1935 年新竹－台中裂震，中部)、新化斷層(1946 年新化地震，西南部)、米崙斷層(1951 年花東縱谷地震，東部)、玉里斷層(1951 年花東縱谷地震，東部)、瑞穗斷層(1972 年瑞穗強震，東部)與車籠埔斷層(1999 年集集地震，中部)。

在這 35 條分布在西部地震區的活動斷層，10 條在台灣北部，10 條分布在台灣中部，9 條在台灣西南部，6 條則分布在台灣南部。但台灣地區的西部地震潛勢以中部和西南部爲最高；北部與南部均無第一類活動斷層是爲主因。另外，再摘錄台灣西部地區與東部地區的活動斷層分布圖如後。

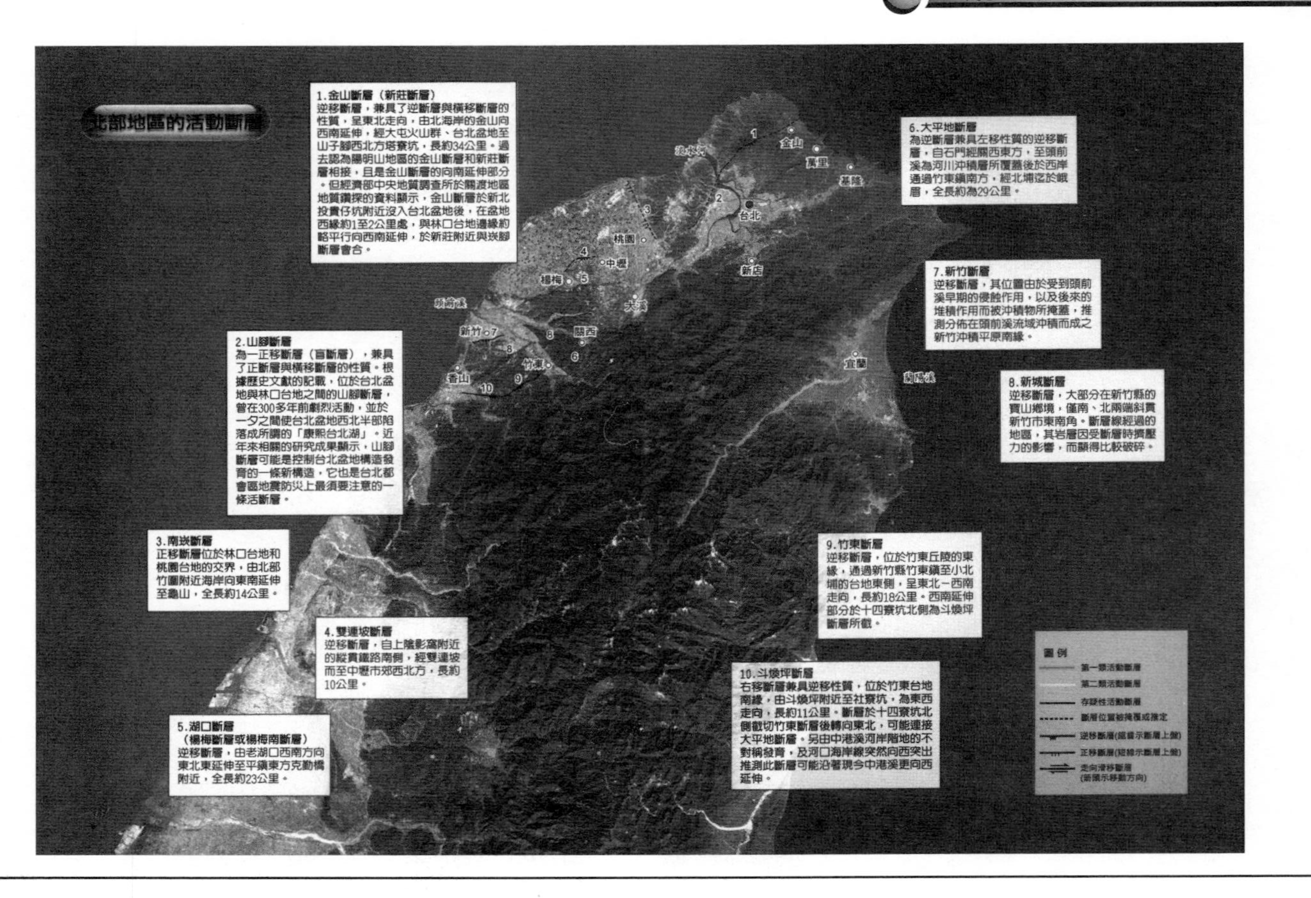

圖 4-2　台灣北部地區活動斷層分布圖
(摘自台灣的斷層與地震，2004)

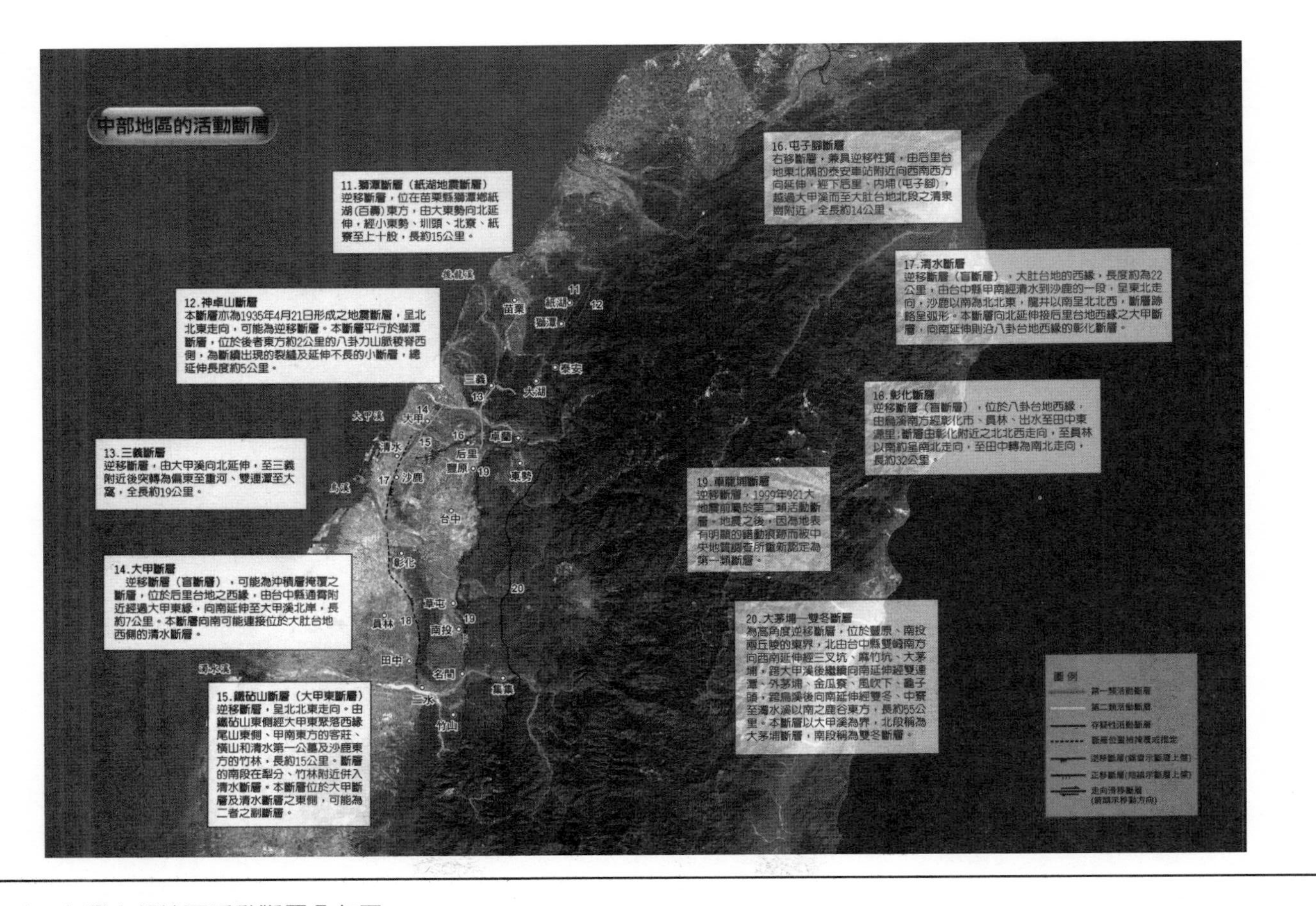

圖 4-3　台灣中部地區活動斷層分布圖
(摘自台灣的斷層與地震，2004)

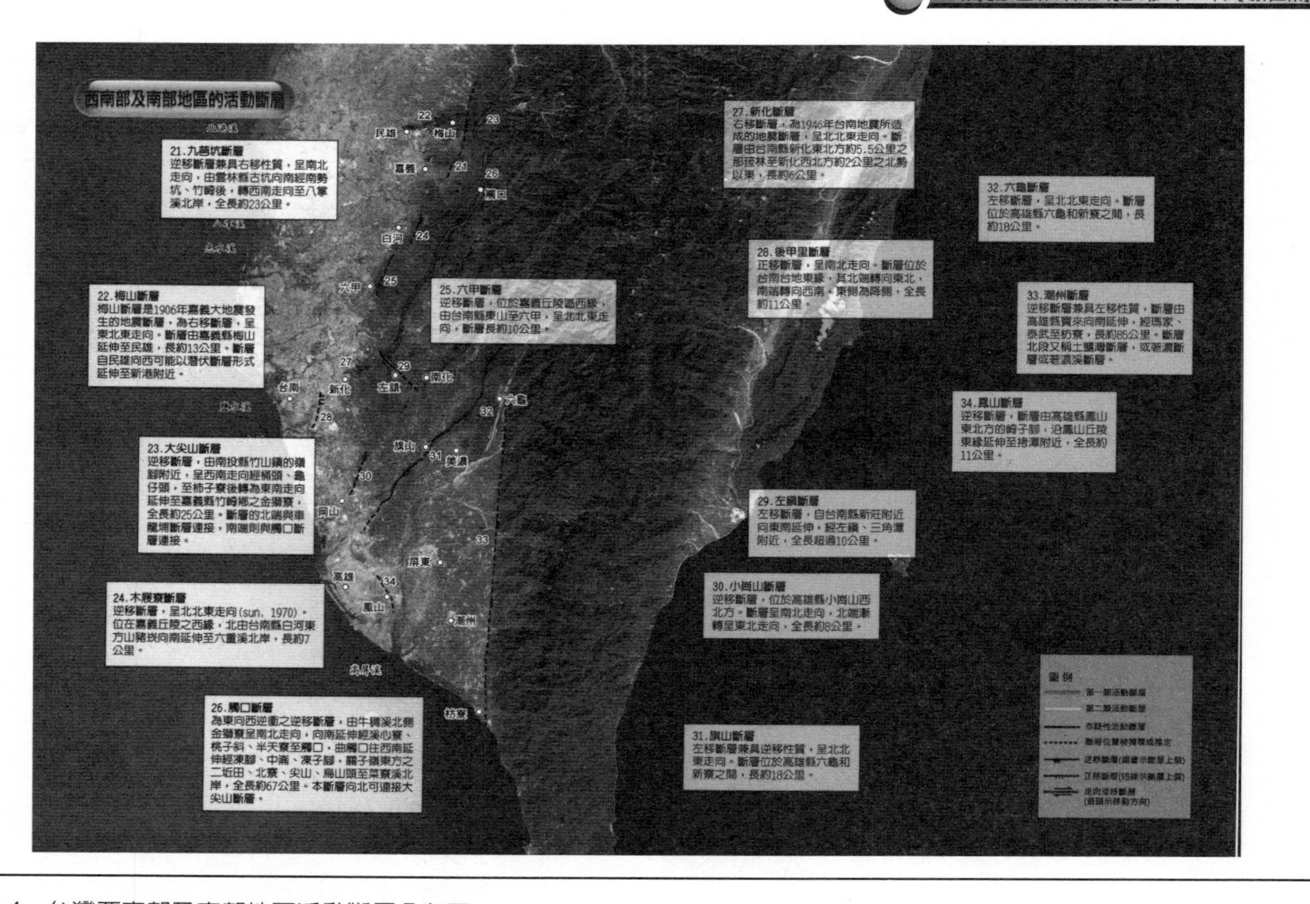

圖 4-4　台灣西南部及南部地區活動斷層分布圖
(摘自台灣的斷層與地震，2004)

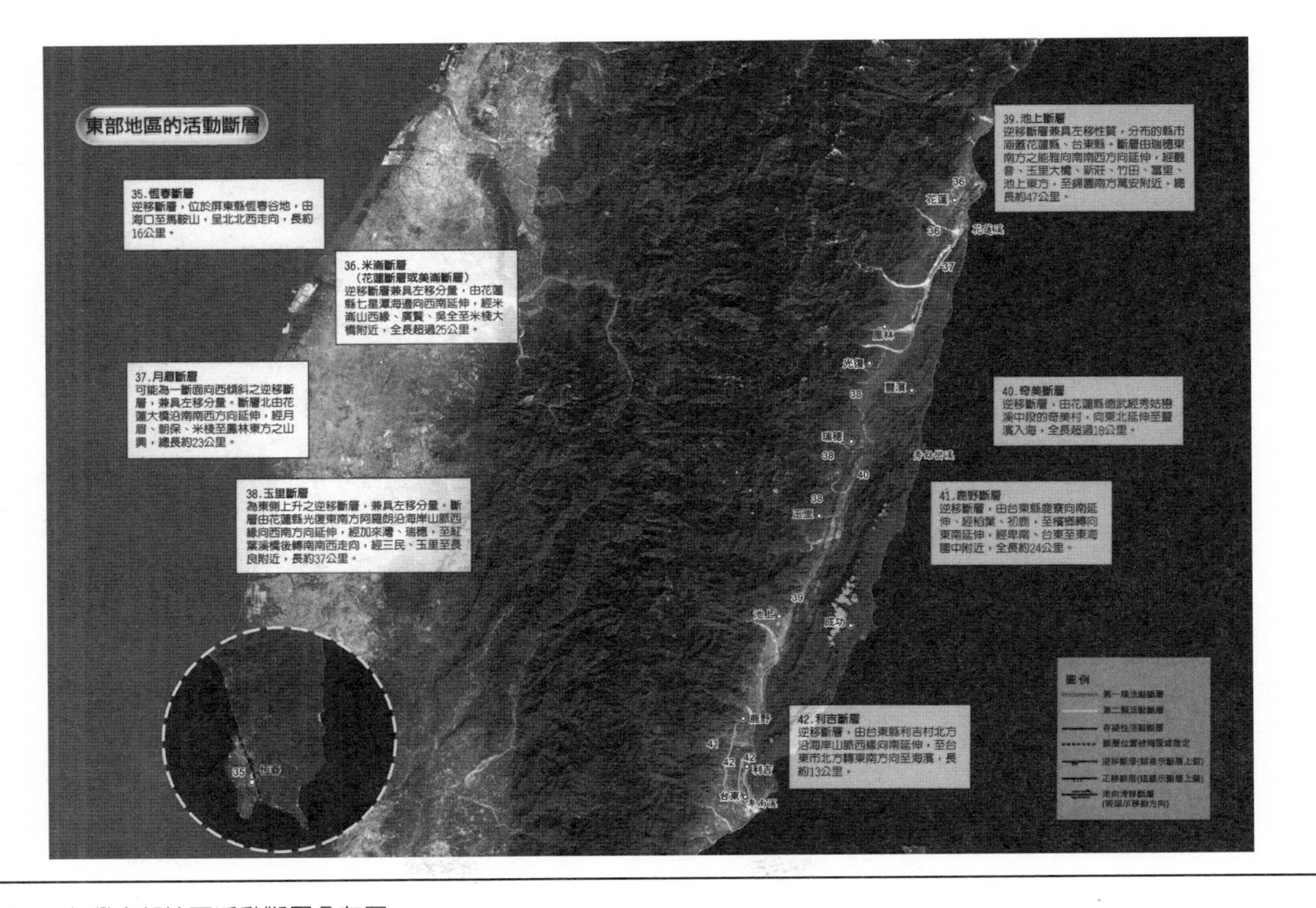

圖 4-5　台灣東部地區活動斷層分布圖
(摘自台灣的斷層與地震，2004)

我們或許會在本章前段發現一個疑問，既然陸上活動斷層與地震是息息相關的，在現有的42條活動斷層中何以僅有9條為地震斷層？或是我們檢視這百年來(1900～2005年)發生在陸地上的64筆規模六以上的強震，僅有1906、1935、1946、1951、1972與1999年的七筆地震，造成了九條活動斷層的錯動。其他57筆的強震呢？今年401的規模6.2地震(陸上、震源深度10km)，雖然與編號41與42的鹿野及利吉斷層相近，但地震後地調所的野外調查都未發現該二活動斷層有錯動的跡象。即使在第二章我們推斷有可能震源是發生在鹿野斷層的斷坡上，但仍未有地震地質的調查證據發現。

至於在地震風險評估上，我們是依據活動斷層的復發間隔(年)、最大可能地震規模、斷層破裂寬度(km)、可能錯動量(m)與最大破裂面積(km^2)為最主要的震源參數，特別是復發間隔最令人關切。本文選擇以Youngs and Coppersmith(1985)、Matsuda(1975)與Bolina(1970)的計算模式為主，將地震復發間隔分成：A(100年以內)、B$^+$(100～150年)、B$^-$(150～200年)、C$^+$(200～250年)、C$^-$(250～300)、D(300～500)、E(500～1000年)與F(1000年以上)等八個等級。台灣地區A級的活動斷層有3條都在東部。B$^+$的有5條，3條在東部，2條在嘉南地震帶。B$^-$的有四條，一條在東部，2條在嘉南地震帶，一條在中部地震帶。C級的共有5條，北部1條，中部2條(包含車籠埔斷層)，西南部亦有2條。這十七條活動斷層(復發間隔都在300年以內)是我們最需要密切注意的。

最後，我們以簡單的權重觀念(第一類活動斷層權重為10，第二類活動斷層權重為1，存疑性活動斷層權重為0.4)，再來檢視表4-2所述台灣的地震分區，42條活動斷層的未來斷層地震的風險大小。

表 4-3　台灣地區各地震分區未來斷層地震的風險

斷層地震風險 / 地震分區	活動斷層				各地震分區風險
	第一類 (W：10)	第二類 (W：1)	存疑性 (W：04)	合計	
北部(北、桃、新)	0	4	6	10	6.4
中部(苗、中、彰、投)	4	3	3	10	44.2
西南部(雲、嘉、南)	4	0	5	9	42.0
南(高、屏)	0	1	5	6	3.0
東部(宜、花、東)	4	3	0	7	43.0
總計	12	11	19	42	138.6

如果由表 4-3 來看，台灣中部、西南部與東部的斷層地震的潛勢都是相當高的。雲、嘉、南與台東、花蓮都是未來斷層(型)地震潛勢較高的地區。

台灣地區地震活動性分析

我們曉得地震不僅有大小之別，它在空間與時間的分布上也是非常不均勻的。在空間上的叢集現象，就是所謂的地震密集帶，通常與地質構造，尤其是大的構造線有關(與板塊運動有關)。在時間上的密集，就是所謂的地震活躍現象，則是和另一個地震平靜現象是相對的。

地震的活動性分析，完全以地震目錄分析爲主，而地震目錄則受限於地震網的密度與地震儀的精度。台灣的地震觀測始於 1898 年，百年來的觀測歷史可分成四期：

⑴ 1898～1945 年：共有 15 個地震站，只能記錄規模大於 6 以上的地震。

⑵ 1946～1972 年：只能記錄規模大於 4 以上的地震。與前一個時期同，規模大於 6 的地震目錄是可用的。

⑶ 1973～1990 年：共有 25 個地震站組成 TTSN，可記錄到規模＞2 以上的地震。

(4) 1991～目前：共有 75 個地震站組成 CWBSN，可記錄到規模＞1 以上的地震。

我們分析 1898 年到現在的 39 筆規模大於 7 以上的地震，發現在台灣地區(北緯 21 至 26 度，東經 119 至 123 度)呈現出一種活躍－平靜－活躍－平靜的交替循環現象。其中的 35 筆強震分布在六個活躍期中(六個活躍期的總時間佔 103 年中的 51 年)，而僅有 1941 年的規模 7.1 和 1978 年規模 7.0 與 7.4 的三次強震是發生在第三與第五個平靜期中。至於 2004 年的規模 7.0 的地震，則是發生在第六個平靜期中(五個平靜期的總時間佔 103 年中的 52 年)。規模 7 以上強震在活躍期中，平均 1.5 年即發生一次；而在平靜期中，通常只會發生一次七級強震。而全部七級強震的平均週期則為 2.7 年。若以平均 2.7 年來看，活躍期的平均值下降了 1/2，而平靜期的平均值則上升了 2.5 倍之多，七級強震呈現出一種幕式的結構，如表 5-1 所示。

表 5-1　台灣地區強震幕式分析表

(鄭魁香，2005)

地震活躍期		強震幕式	台灣地區 年份(規模)	地震活躍期	強震幕式	大陸及鄰區 年份(震級)
一	1900-1910	開幕	1900 (7.0)	1897-1912	中間峰值	1902 (8.3)
		中間峰值	1906 (7.0) 1908 (7.3) 1909 (7.3) 1909 (7.3)			
		閉幕	1910 (7.8) 1910 (7.0) 1910 (7.0) 1910 (7.1)		閉幕	1911 (8.4) 1912 (8.0)

表 5-1　台灣地區強震幕式分析表(續)

(鄭魁香，2005)

地震活躍期		強震幕式	台灣地區 年份(規模)	地震活躍期	強震幕式	大陸及鄰區 年份(震級)
二	1917-1922	開幕	1917 (7.7) 1917 (7.2)	1920-1937	開幕	1920 (8.0)
		中間峰值	1919 (7.0) 1920 (8.2)			
		閉幕	1922 (7.6) 1922 (7.2)		中間峰值	1934 (8.3)
三	1935-1938	開幕	1935 (7.1) 1935 (7.2)			
		中間峰值	1936 (7.3) 1937 (7.0)		閉幕	1937 (7.5)
		閉幕	1938 (7.0) 1938 (7.0)			
四	1947-1959	開幕	1947 (7.2)	1946(1947) -1959(1955)	開幕	1947 (7.7)
		中間峰值	1951 (7.3) 1951 (7.1) 1951 (7.1) 1951 (7.3) 1957 (7.1)		中間峰值	1950 (8.6) 1951 (8.0)
		閉幕	1959 (7.5) 1959 (7.1)		閉幕	1955 (7.5) 1959 (8.3)
五	1963-1972	開幕	1963 (7.4)	1965(1966) -1976	開幕	1965 (7.6) 1966 (7.2)
		中間峰值	1966 (7.8) 1968 (7.1)		中間峰值	1970 (7.0) 1973 (7.7)
		閉幕	1972 (7.5)		閉幕	1976 (7.0)

表 5-1　台灣地區強震幕式分析表(續)

(鄭魁香，2005)

地震活躍期		強震幕式	台灣地區年份(規模)	地震活躍期	強震幕式	大陸及鄰區年份(震級)
六	1996-2002	開幕	1996 (7.1)	1988-2001	開幕	1988 (7.6) 1990 (7.0) 1991 (7.6) 1992 (7.5)
		中間峰值	1999 (7.3)		中間峰值	1994 (7.3) 1997 (7.5)
		閉幕	2002/3/31 (6.8) 2002/9/16 (6.8)		閉幕	2001 (8.1)

我們分析百年以來的206筆規模大於6以上的地震目錄，其 N-t 圖如下所示。

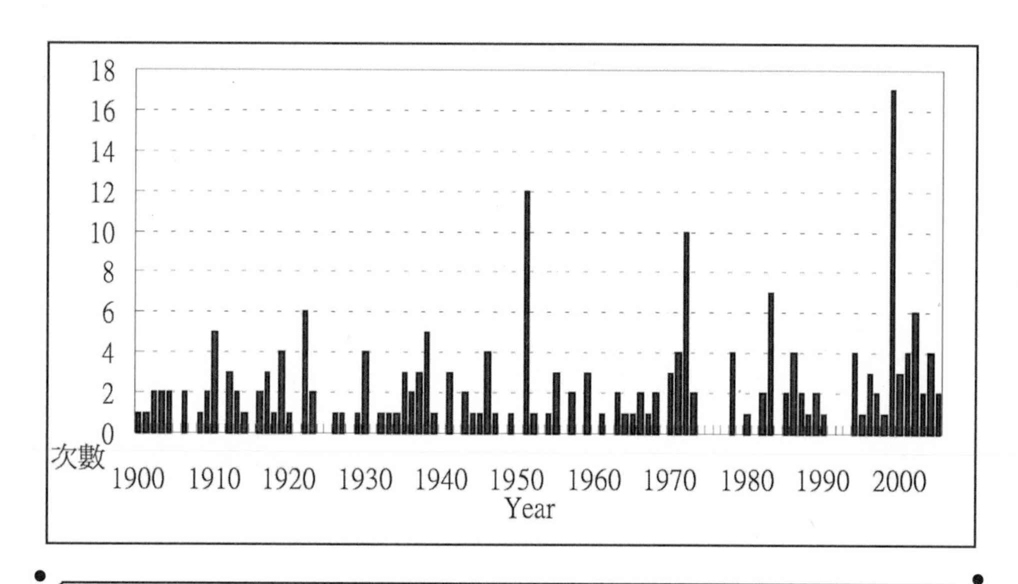

圖 5-1　1900～2005 M≧6 地震次數分布圖

我們可由規模≧6以上的地震目錄與N-t圖發現：

⑴ 若以每年發生規模六以上的地震次數超過五次作爲活躍門檻的話，百年以來(1900～2005年)共有八次(1910、1922、1938、1951、1972、1983、1999與2002年)活躍年，其平均間隔(週期)爲12年。

⑵ 這八次強震活躍年有七次發生在規模七以上的活躍期(強震幕式中，僅有1983年是在平靜期中)。

⑶ 1951(12次)與1972(10次)相隔21年爲平靜期最長，1922至1938的間隔與1983至1999均爲16年次之。

⑷ 1999(17次頻次爲最高)與2002年只相隔3年。

⑸ 規模六以上的活躍年基本上與規模七以上的活躍期是十分穩合的。

根據1973至2004年(共32年如表5-2所示)的地震規模與頻次表和百年來規模≧6的地震目錄來看，台灣地區平均約百年才會發生一次規模8以上的烈震，而且只會發生在花蓮東部的外海中(屬於海溝型地震)。平均每3年左右會發生一次規模7以上的強震，規模6的地震則平均一年發生2次。規模5的地震一年要發生26次，規模4可達230次，規模3爲1,500次，規模2爲5,500次，規模1則爲7,300次。中央氣象局目前一年可記錄到超過15,000次規模>1以上的地震。

如果從1973至2004年的地震規模與頻次表5-2來看，32年內(1996～2002年爲活躍期)，1986與1999年爲兩個地震活躍年。1986年在七級強震幕式中爲平靜期，1999年則處於活躍期的中間峰值，二者的差異主要的還是六級以上的強震次數，一爲4次另一則爲15次(而且包含一次七級強震)。

地震區帶的劃分可根據地震震央的立體投影配合板塊構造的邊界系統(琉球隱沒帶，碰撞縫合帶與馬尼拉隱沒帶)，可分成東北－隱沒系統，東南－菲律賓海板塊邊界系統，西北－西北逆衝曲皺系統與西南－南中國海延伸附著系統等東西四區；或東西八區如圖5-2所示：

表 5-2　台灣地區 1973 年到 2004 年地震規模與次數統計表

Year \ M	M≦1.99	2～2.99	3～3.99	4～4.99	5～5.99	6～6.99	M≧7	累計
1973	0	283	352	76	12	2	0	725
1974	0	1,154	500	67	11	0	0	1,732
1975	0	973	720	124	23	0	0	1,840
1976	0	1,331	414	78	12	0	0	1,835
1977	0	2,077	508	80	15	0	0	2,680
1978	0	6,196	1,687	310	36	2	2	8,233
1979	0	3,513	992	139	12	0	0	4,656
1980	0	3,493	981	147	14	1	0	4,636
1981	0	3,194	880	134	18	0	0	4,226
1982	0	2,995	839	123	13	2	0	3,972
1983	0	4,295	1,646	251	34	7	0	6,233
1984	0	4,175	1,339	171	36	0	0	5,721
1985	0	4,910	1,517	198	29	2	0	6,656
1986	0	9,309	5,682	1,041	80	4	0	16,116
1987	0	3,293	1,624	181	21	2	0	5,121
1988	0	870	1,191	193	28	1	0	2,283
1989	0	742	1,042	185	16	2	0	1,987
1990	0	2,035	2,266	327	22	1	0	4,651
1991	220	2,537	1,843	302	33	0	0	4,935
1992	311	2,496	1,465	220	27	0	0	4,519
1993	944	2,789	1,463	230	16	0	0	5,442

表 5-2　台灣地區 1973 年到 2004 年地震規模與次數統計表(續)

Year \ M	M≦1.99	2～2.99	3～3.99	4～4.99	5～5.99	6～6.99	M≧7	累計
1994	4,992	10,398	2,248	281	40	4	0	17,963
1995	4,804	8,276	1,479	216	25	1	0	14,801
1996	6,094	8,750	1,890	222	19	2	1	16,978
1997	6,261	7,900	1,290	177	20	2	0	15,650
1998	5,838	7,647	1,329	145	20	1	0	14,980
1999	17,385	26,582	5,122	732	83	14	1	49,919
2000	9,407	12,803	1,822	260	31	3	0	24,326
2001	6,748	7,827	1,450	203	13	3	0	16,244
2002	12,535	13,298	1,984	244	30	6	0	28,097
2003	12,183	11,463	1,556	220	24	2	0	25,449
2004	10,986	9,196	1,405	176	15	3	1	21,782
合計次數	97,233	186,517	50,174	7,453	828	67	5	344,388
平均(年)	8,839	6,017	1,619	233	26	2	0.2	16,736

資料來源：中央氣象局(歐益志整理)

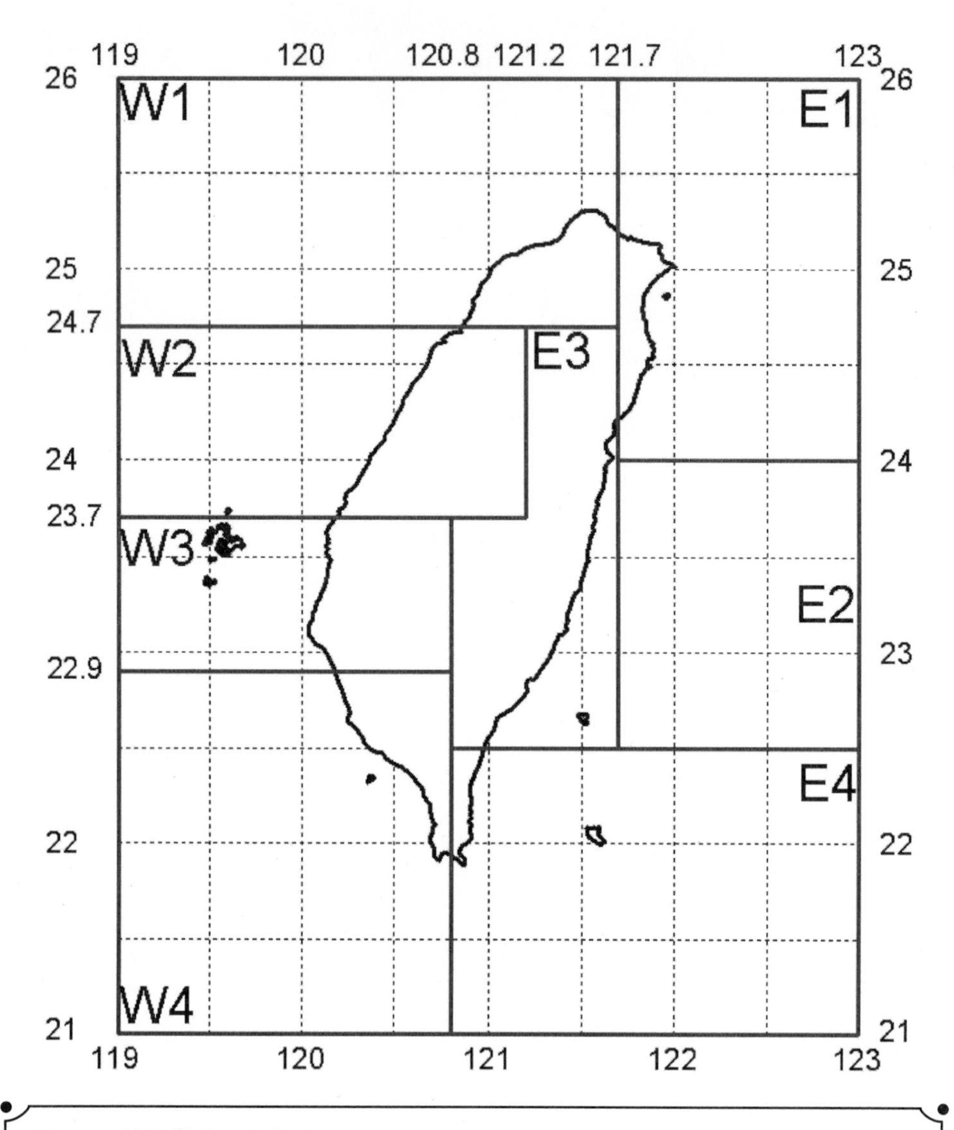

圖 5-2　地震帶分區示意圖
(鄭魁香，2001)

當我們將台灣地區區劃成四個或八個地震系統分區後，我們可以再細看不同的地震系統分區範圍內1973至2004年的地震活動情形。

若從四個地震系統分區來看：東區的活躍年是1978與1986年。而西區的活躍年則爲1999與2000年，當然2000是受921的餘震序列的影響(921 地震序列，餘震一直發展到 2001 年爲止)。如果單看東北系統，主要的活躍年是1986年其次爲1994年。東南系統的地震活躍年是1978年。西北系統的活躍年是1999(到2001年)，而西南系統的地震活躍年是1999年到2001年。顯然西部地震系統分區完全受到1999年921集集地震的影響，但東部地震系統分區，則分別受到1986年(東北系統)與1978年(東南系統)的影響。

若從八個地震系統分區來看：東區的活躍年是 1978 與 1986 年同上。而西區的活躍年則爲1999與2000年。如果單看 E1地震帶，主要的活躍年是1986年，其次是1994與2002年。E2主要是1983年，其次是1986與1994年。E3主要是1999與2000年(受921地震的影響)，其次是1990年。而E4地震帶兩個活躍年分別是1978年與1996年都是以七級強震爲首。上述東部地震分區與前述的四個地震系統的東區相對而言，更爲清楚。如果單看W1地震帶，活躍期分別是1978、1986與1992年共三次。W2只有1999年是活躍年而且持續到2002年爲止前後近四年之久。W3主要是1999年(受 W2 921影響)、2000年，其次是1991年。W4地震帶主要的是1987年，其次爲1979年與1997年。這種地震分區活動性的分析結果是與四個地震系統分區因分區方式不同而呈現出不一樣的結論；當然，這對區域地方(比如台北盆地等)會呈現出比較清楚的活動性分析結果。

如果我們再對照看1898年至1988年台灣地區 M≧6.0的地震次數分布圖與1936年至1988年台灣地區 M≧5.5的地震次數分布圖。根據次數的變化，我們分別區劃了僅有一點差異的四個地震系統分區如圖5-3～5-4，可供進一步體驗地震活動性分布與地震系統分區之間的關聯性。

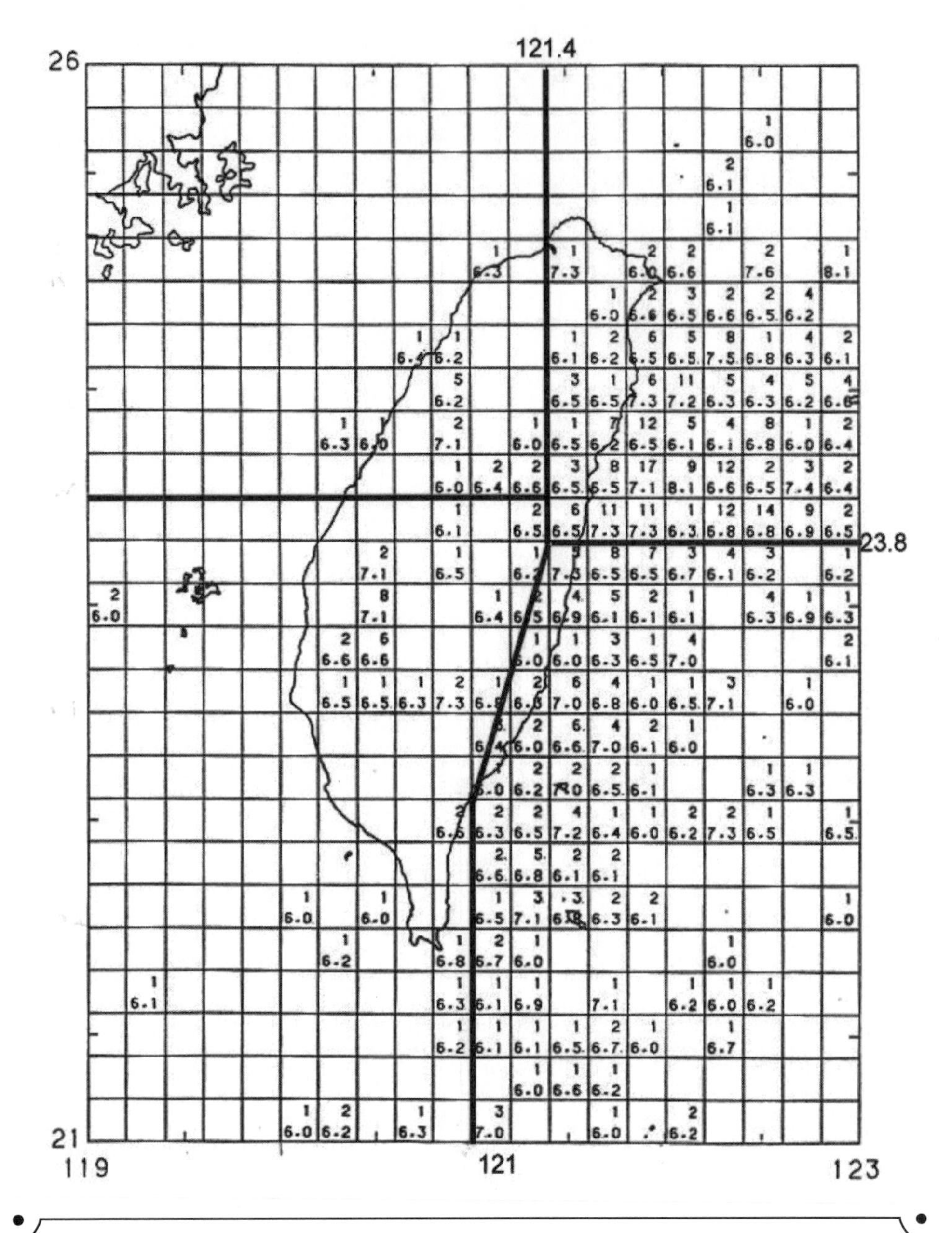

圖 5-3　西元 1898 年至 1988 年間台灣地區地震規模大於等於 6.0 的地震次數分布圖，圖中方格面積為 12'×12'，方格上方阿拉伯數字為此時期的地震次數，而下方數字為此時期的最大地震規模。
(摘自西元 1640 年至 1988 年台灣地區地震目錄，1989)

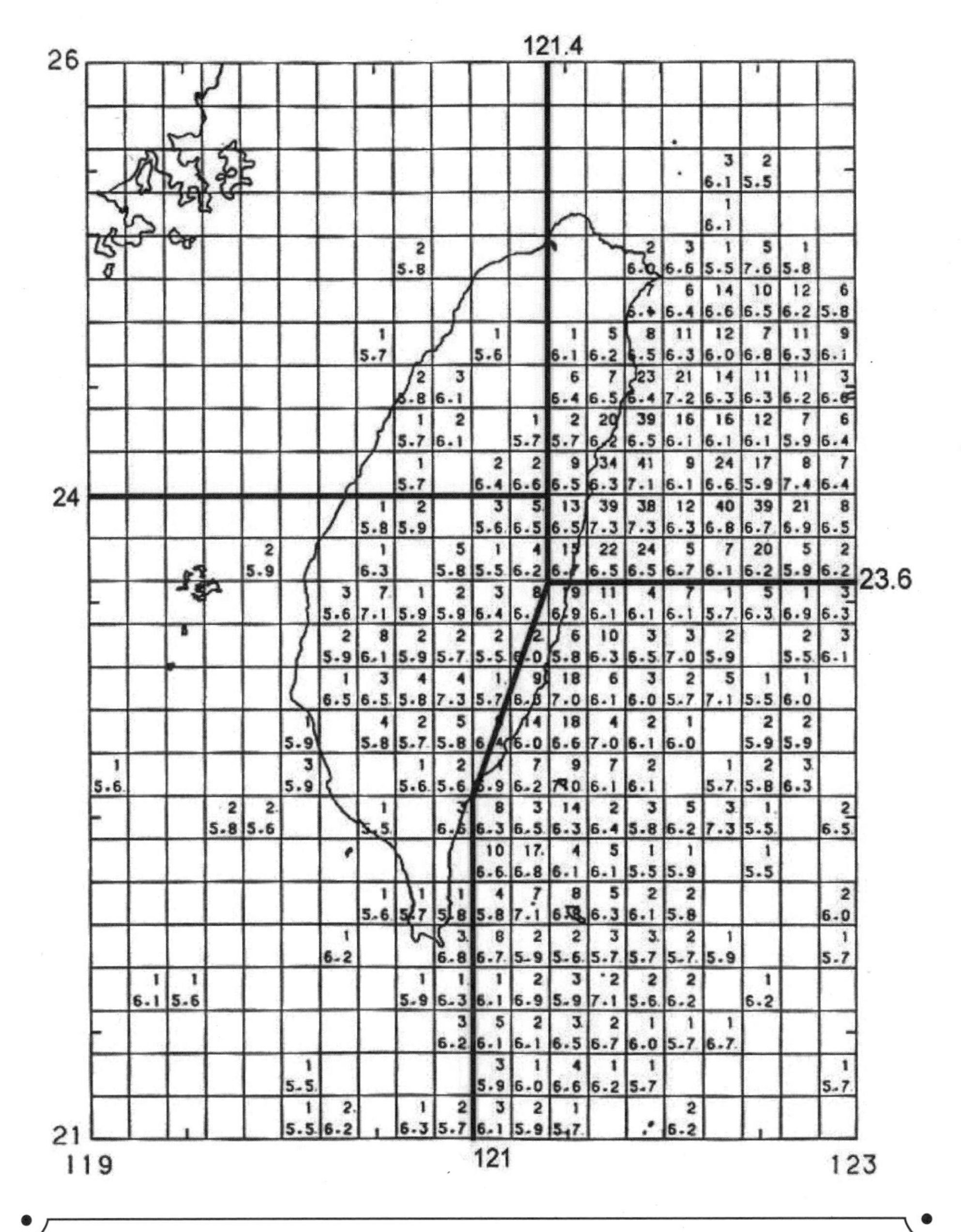

圖 5-4　西元 1936 年至 1988 年間台灣地區地震規模大於等於 5.5 的地震次數分布圖，圖中方格面積為 12'×12'，方格上方阿拉伯數字為此時期的地震次數，而下方數字為此時期的最大地震規模。
(摘自西元 1640 年至 1988 年台灣地區地震目錄，1989)

台灣地區七級強震的未來趨勢

我們如果從1900年起至2005年止定義凡導致一人以上死亡或一棟房子全倒之地震爲災害性地震的78次震例中，雖然七級以上地震的23次僅佔全部災害性地震78次的29%，但震害中的死亡人數卻高佔93%(7447人/7984人)，房屋全倒戶數亦佔全部103,188戶中的87%(83,688戶)。因此從震害的角度來看，七級以上強震的未來趨勢，實緊緊地牽連著台灣未來人民生命財產的安危。

表6-1是1900～2005年台灣地區39筆七級以上強震的目錄。

我們曾研究1900至2005年所有規模六以上的206筆地震目錄，以及1900至2002年所有規模七以上的38筆地震目錄，發現規模七以上的強震在台灣地區與大陸及鄰區均有著相同的"幕式"現象："活躍期—平靜期"交替循環。意即每一個強震活躍期，不論長短，均可再細分爲"開幕—中間峰值—閉幕"等活躍期的結構。台灣地區與大陸及鄰區在各個幕式的開始年中，又呈現著"晚(三年)—早(三年)—晚(一年)—早(二

表 6-1　1900～2005 年台灣地區七級以上強震的目錄

No	日期	北緯	東經	震源深度(km)	規模
1	1900/05/15	21.50	120.50	0.0	7.0
2	1906/03/16	23.58	120.45	6.0	7.1
3	1908/01/11	23.70	121.40	10.0	7.3
4	1909/04/14	25.10	121.48	72.0	7.3
5	1909/11/21	24.40	121.80	20.0	7.3
6	1910/04/12	25.10	122.90	200.0	7.8
7	1910/06/17	21.00	121.00	0.0	7.0
8	1910/09/01	22.70	121.70	20.0	7.0
9	1910/09/01	24.10	122.40	20.0	7.1
10	1917/07/04	25.00	123.00	0.0	7.7
11	1917/07/04	25.00	123.00	0.0	7.2
12	1919/12/20	22.80	121.70	20.0	7.0
13	1920/06/05	24.00	122.00	20.0	8.0
14	1922/09/01	24.60	122.20	20.0	7.6
15	1922/09/14	24.60	122.30	20.0	7.2
16	1935/04/21	24.35	120.82	5.0	7.1
17	1935/09/04	22.50	121.55	20.0	7.2
18	1936/08/22	22.00	121.20	30.0	7.3
19	1937/12/08	23.10	121.40	20.0	7.0
20	1938/09/07	23.80	121.80	0.0	7.0
21	1938/12/06	22.90	121.60	20.0	7.0

表 6-1　1900～2005 年台灣地區七級以上強震的目錄(續)

No	日期	北緯	東經	震源深度(km)	規模
22	1941/12/16	23.40	120.47	12.0	7.1
23	1947/09/26	22.80	123.00	110.0	7.2
24	1951/10/21	23.88	121.73	4.0	7.3
25	1951/10/22	24.08	121.73	1.0	7.1
26	1951/10/22	23.83	121.95	18.0	7.1
27	1951/11/24	23.28	121.35	36.0	7.3
28	1957/02/23	23.80	121.80	30.0	7.1
29	1959/04/26	25.00	122.50	150.0	7.5
30	1959/08/15	21.75	121.33	20.0	7.1
31	1963/02/13	24.40	122.10	47.0	7.4
32	1966/03/12	24.24	122.67	42.0	7.8
33	1968/02/26	22.70	121.50	24.0	7.1
34	1972/01/25	23.03	122.15	33.0	7.5
35	1978/07/23	22.35	121.33	6.1	7.4
36	1978/12/23	23.30	122.00	4.1	7.0
37	1996/09/05	22.00	121.37	14.8	7.1
38	1999/09/21	23.85	120.78	8.5	7.3
39	2004/10/15	24.40	122.91	58.8	7.0

年)—晚(八年)"的交替現象(台灣地區我們分成六個強震幕式，係把大陸地區的第二個強震幕式一分爲二之故)。

顯而易見規模七(大約是廣島原子彈能量的16倍左右)的能量等級，台灣的強震幕式現象與大陸地區幾乎相同。但此二地區近似平行區域，各強震幕式幾乎均在相同時間分別開始與分別結束。大陸地區是歐亞大陸板塊與印澳板塊間的碰撞，而台灣地區則是歐亞大陸板塊與菲律賓海板塊間的隱沒。兩個地區大小懸殊，板塊邊界造山帶的高度亦有8000m與4000m之別，但卻有極爲接近的強震幕式與結構，不得不令人稀奇其間的可能關聯。

台灣地區第六個強震幕式我們曾以爲在2002年結束，因爲2002年331與916兩個地震的規模均爲6.8(兩個M6.8地震的能量2.0×10^{22}耳格剛好與一個M7.0地震的能量1.99×10^{22}耳格相同)。但若把2002年當作中間峰値，以後來發生的2004年1015規模爲M7.0當作第六個活躍期的閉幕震亦爲一參考分法。根據分析，台灣地區自2003年起即進入了第六個平靜期。此平靜期大約要延至2016年左右，其中會發生規模七級以上的強震最多只有一次而已。

我們檢視1900年至2004年間$M \geq 7.0$的強震目錄，只有1941年規模7.1的強震與1978年規模7.4與7.0的強震是發生在平靜期中，可見絕大多數(97%)的七級強震是發生在強震的活躍期中。

而這38次七級強震中，23次(61%)發生地震災害。這23次七級地震所產生的災害，卻在百年地震災害歷史(1900～2002年)中，以93%與87%的高比例分別呈現在人口傷亡與房屋全毀的項目中。

表6-2即是1900～2004年台灣地區七級強震幕式分析表。

中央氣象局地震測報中心是以累積能量和累積規模的觀點，發現七級以上的地震在百年來共有三個活躍期：一爲1905年至1925年，一爲1950年至1972年，另一活躍期則始於1999年，可供強震活躍期循環的另一參考。

至於下一個七級強震可能的發生年代與區域將是另一個後續研究的重點。

表 6-2　台灣地區七級強震幕式分析表
(鄭魁香，2005)

地震活躍期		強震幕式	台灣地區年份(規模)	地震活躍期	強震幕式	大陸及鄰區年份(震級)
一	1900-1910	開幕	1900 (7.0)	1897-1912	中間峰值	1902 (8.3)
		中間峰值	1906 (7.0) 1908 (7.3) 1909 (7.3) 1909 (7.3)			
		閉幕	1910 (7.8) 1910 (7.0) 1910 (7.0) 1910 (7.1)		閉幕	1911 (8.4) 1912 (8.0)
二	1917-1922	開幕	1917 (7.7) 1917 (7.2)	1920-1937	開幕	1920 (8.0)
		中間峰值	1919 (7.0) 1920 (8.2)			
		閉幕	1922 (7.6) 1922 (7.2)		中間峰值	1934 (8.3)
三	1935-1938	開幕	1935 (7.1) 1935 (7.2)			
		中間峰值	1936 (7.3) 1937 (7.0)		閉幕	1937 (7.5)
		閉幕	1938 (7.0) 1938 (7.0)			
四	1947-1959	開幕	1947 (7.2)	1946(1947)-1959(1955)	開幕	1947 (7.7)
		中間峰值	1951 (7.3) 1951 (7.1) 1951 (7.1) 1951 (7.3) 1957 (7.1)		中間峰值	1950 (8.6) 1951 (8.0)
		閉幕	1959 (7.5) 1959 (7.1)		閉幕	1955 (7.5) 1959 (8.3)

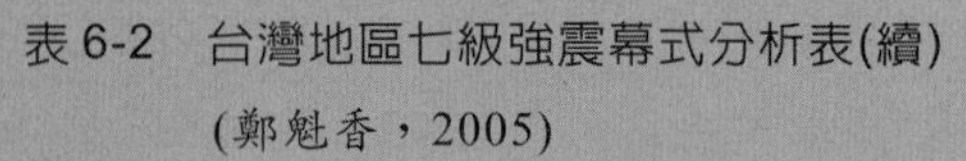
表6-2　台灣地區七級強震幕式分析表(續)

(鄭魁香，2005)

地震活躍期		強震幕式	台灣地區年份(規模)	地震活躍期	強震幕式	大陸及鄰區年份(震級)
五	1963-1972	開幕	1963 (7.4)	1965(1966)-1976	開幕	1965 (7.6) 1966 (7.2)
		中間峰值	1966 (7.8) 1968 (7.1)		中間峰值	1970 (7.0) 1973 (7.7)
		閉幕	1972 (7.5)		閉幕	1976 (7.0)
六	1996-2002	開幕	1996 (7.1)	1988-2001	開幕	1988 (7.6) 1990 (7.0) 1991 (7.6) 1992 (7.5)
		中間峰值	1999 (7.3)		中間峰值	1994 (7.3) 1997 (7.5)
		閉幕	20020331(6.8) 20020916(6.8)		閉幕	2001 (8.1)

台灣地區六級以上地震的未來趨勢

根據經濟部地調所特別第十三號「台灣活動斷層概論」的附錄一台灣地區1900到1999年地震觀測大於六之地震資料表，百年之間台灣地區共有204筆規模大於六以上的強震發生，平均一年則有次2次之多。

我們可由「1898～1988台灣地區規模≧6.0的地震次數最大規模分布圖」得到下列的趨勢性與結論：

如圖7-1的每一方格面積約爲400平方公里(20km×20km)，整個圖面共有500格，近20萬平方公里(台灣本島面積爲36,000平方公里)。我們可以找到東北部外海有2格的最大規模是8.1；下方那一格爲花蓮東方外海40km處，係1920年6月5日清晨發生的規模八級的大地震，曾造成5人死亡，273棟房屋全毀的災害。至於右上角的那一格則是1910年4月12日零時發生在基隆東部外海90km處的另一個八級巨震，因爲震源深度達200km，所以只在本島造成了13棟房子全倒的輕微損失。

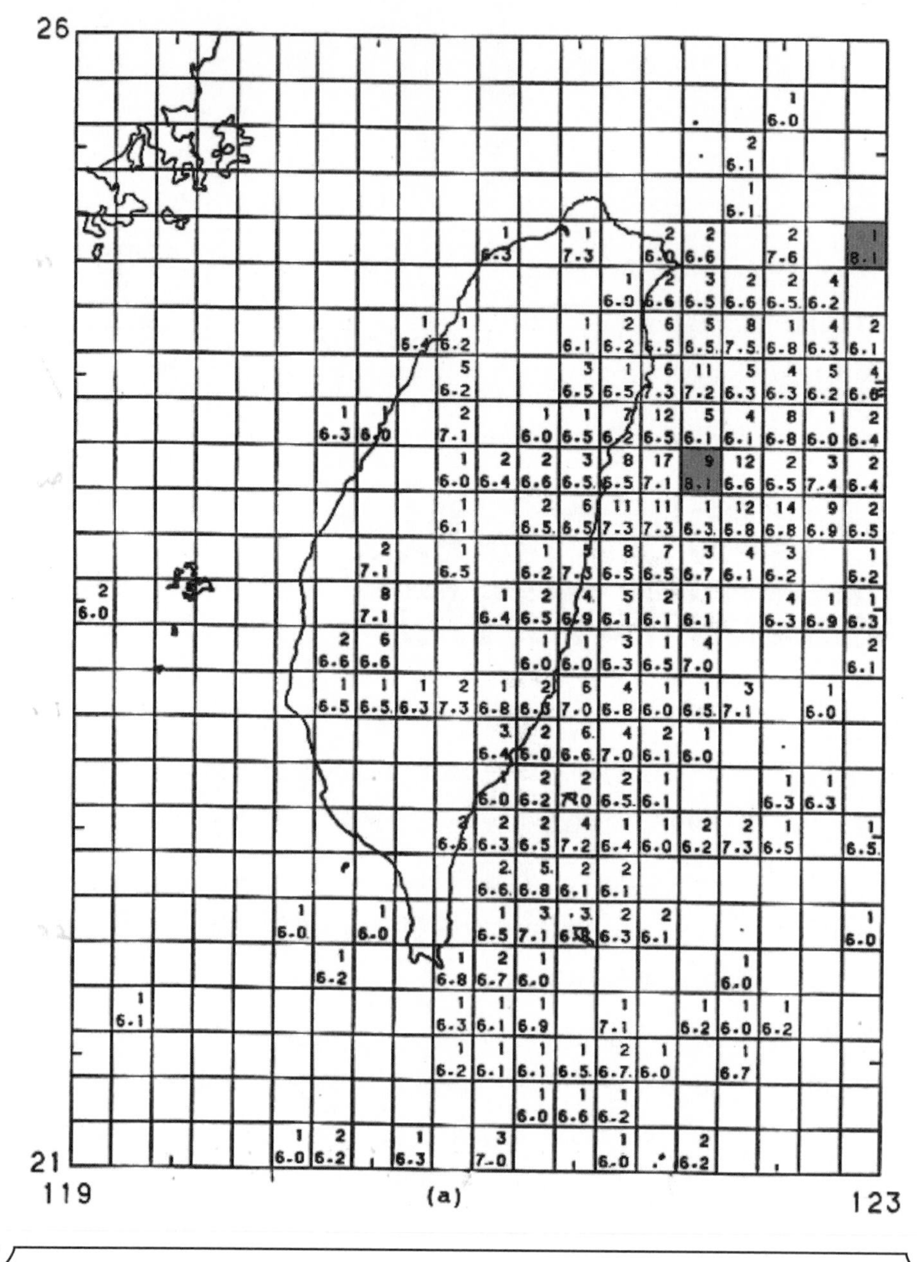

圖 7-1　西元 1898 年至 1988 年間台灣地區規模≧6.0 的地震次數分布圖。圖中方格面積為 12'×12'，方格上方阿拉伯數字為此時期的地震次數，而下方數字為此時期的最大地震規模。
(摘自西元 1640 年至 1988 年台灣地區地震目錄，1989)

規模≧7.0的小方格共有24格，本島有6處，東部外海則有18處，東北外海較集中，東南外海則較爲分散。

我們統計地震次數。若以每10年中有一次規模大於六以上的地震爲門檻，則地震次數大於九次的小方格共有10格，完全分布於台灣東北方的外海中。每一小方格每10年有一次六級地震，10格面積範圍(約4,000平方公里)內幾乎每年會發生一次六級以上地震，爲整個台灣地區平均一年會發生六級地震2次的一半，可見其密集性之一般。

在台灣島內地區，次數最高的是嘉義縣市的8次。平均每11年即會在此400平方公里的範圍內發生一次六級以上的地震。在其下方的另一格，包含一小部份的台南縣，餘多爲嘉義縣的山區，以曾文水庫、白河水庫和關子嶺爲最著名，平均每15年會在此範圍內發生一次六級以上的地震。花蓮市的南方，六級地震的週期同樣爲15年(6次)。秀林、太魯閣北方，南澳以南的強震週期約爲13年(7次)；這是台灣本島四個強震週期較短，地震潛勢較高的地區。

我們若看「1900～2005年台灣地區M≧6地震次數分布圖」，也可以得到台灣地區六級以上強震的一些未來趨勢結論。

如果以每年在台灣地區發生5次六級以上地震爲門檻值，以106年的統計來看，平均每13年即會發生一次強震密集的地震危害事件。我們分析這八次強震密集年：1910、1922、1938、1951、1972、1983、1999與2002年，發現一些有意思的結果。

基本上六級以上強震的密集現象，均與七級強震的活躍期有關。這八次強震密集年，除了1983年外，其餘7次都發生在台灣百年來的六個七級強震活躍期中；有五次都發生在強震幕式的閉幕震中，不僅七級以上的強震結束了活躍期，閉幕震中最多數(六次佔五次)是伴隨著以強震密集作爲結束的記號。另外的兩次：1951年、1999年，則發生在活躍期的中間峰值。這種強震密集的現象無疑帶給了台灣地區居民深沉的震害悲痛(1951與1999)。

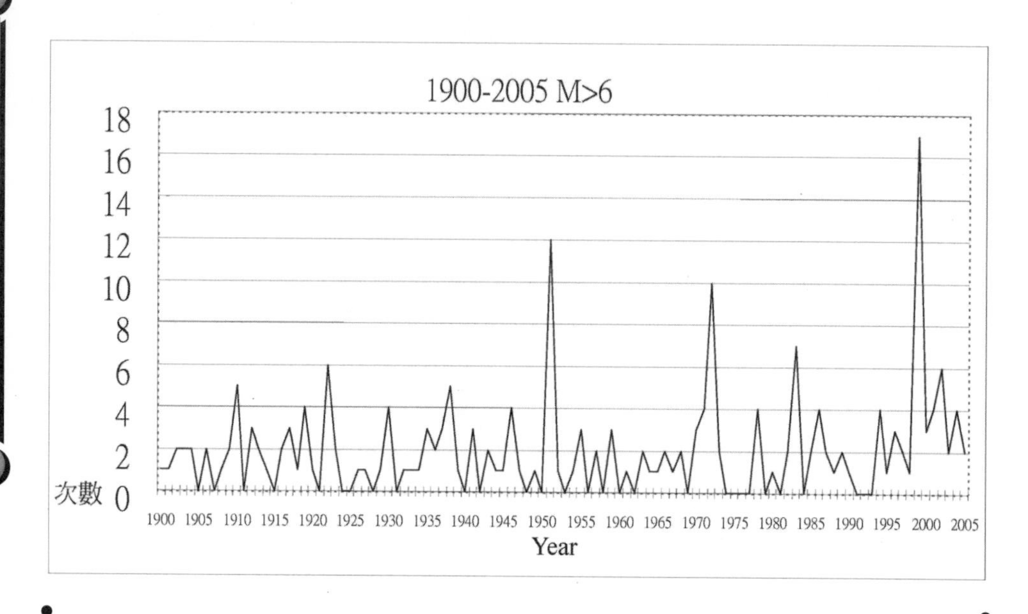

圖 7-2　1900～2005 年 M≧6 地震次數分布圖

如果以 10 次作爲門檻值來看：1951 到 1972 年間隔了 21 年，1972 到 1999 年間隔 27 年。1951 年之前的 1922 到 1938 間隔 16 年；而 1999 年之前的 1983 到 1999 亦爲 16 年。所以在八個密集年中的 2-3、4-5、6-7 呈現出 16、21、與 16 等有趣的間隔年變化。我們可以做這樣的推定：下一個頻次超過 10 次的密集年可能爲 2020 年，它是第七個活躍期的中間峰值；而另外一個 5 次密集年則可能出現在 2018 年。

1999 年與 2002 年只間隔了 3 年，2002 年與 1999 年同屬於第六個活躍期，2002 屬閉幕震，1999 年爲中間峰值。

如果我們檢視百年來的這六個活躍期，只有第一和第六活躍期，其地震活動分布範圍是橫貫東西兩個地震區；這種東西地震區在同期內均活動的相隔週期達 90 年之久，下一次要到 21 世紀末葉了。至於中間第二到第五個活躍期，其地震活動範圍均屬於東部地震區，其重點區域在此四個活躍期內分別爲E1、E3、E3與E2。我們可以類推下一個地震活躍期其活動範圍亦屬於東部，其重點範圍可能爲E3。

綜合上述的分析來看，六級以上地震的活動性是依附在七級強震的活動性中，六級以上與震度七級的趨勢基本上是相近的。

我們曾利用能量矩(能量×時間=能量矩)的分析結果來檢視另外一個東部地震區觸發西部地震區以及東西部地震區同年度內同步活動的兩個不同問題。

我們由表 7-1 的能量矩數字以東西區間的關係進行分析。西區(W)依連續、間隔來看，106 年間共有 14 次的強震事件。這 14 次中有九次前一年東部地震帶先有地震；也就是在時間關係中，先東後(一年)西，廣義的說即東部的地震觸發了西部的地震。通常 E1 第二年比較可能是W3 或W4，E2 第二年比較可能是W3，E3 則無特別關聯區域；而E4 地震第二年則可能發生在 W4 地震帶，此先後的觸發時間關係，以西部地震區來看，其比率是 64%(9/14 = 0.64)。

同步效應以西部地震區來看，其比率則高達 79%(11/14 = 0.79)。我們分析這十一次東西同步的地震事件中，該年度中屬於先東後西或先西後東均爲各半。其對應的東西地震帶關係則爲：W1→E3、E2，W2→E1、E3，W3→E3、E1，W4→E1、E2；可供參考。

由以上分析可以發現：東、西部地震區的活動往往在時間上會呈現出一種先後的時間關係，值得進一步的深入分析。

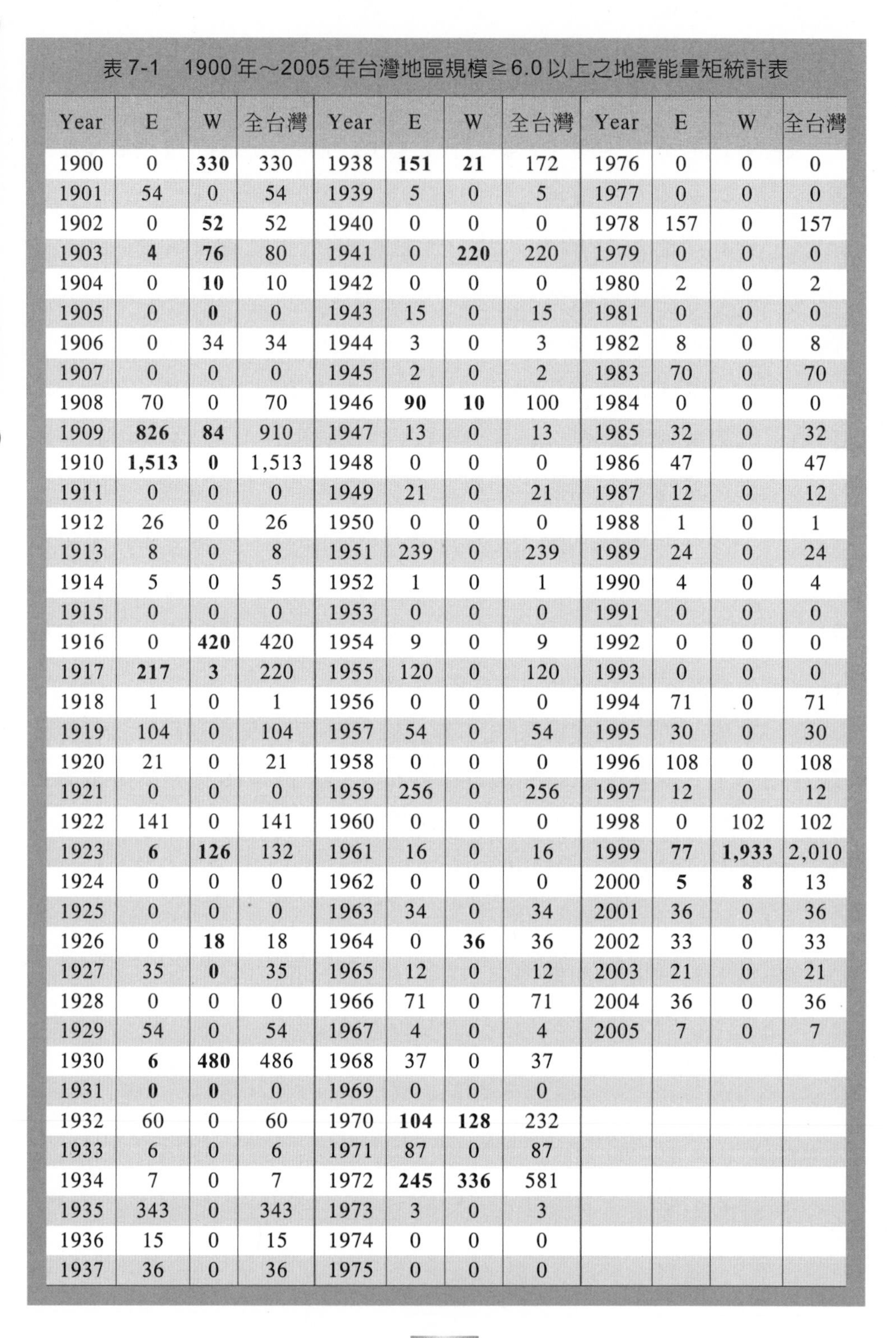

表 7-1　1900 年～2005 年台灣地區規模≧6.0 以上之地震能量矩統計表

Year	E	W	全台灣	Year	E	W	全台灣	Year	E	W	全台灣
1900	0	**330**	330	1938	**151**	**21**	172	1976	0	0	0
1901	54	0	54	1939	5	0	5	1977	0	0	0
1902	0	**52**	52	1940	0	0	0	1978	157	0	157
1903	**4**	**76**	80	1941	0	**220**	220	1979	0	0	0
1904	0	**10**	10	1942	0	0	0	1980	2	0	2
1905	0	**0**	0	1943	15	0	15	1981	0	0	0
1906	0	34	34	1944	3	0	3	1982	8	0	8
1907	0	0	0	1945	2	0	2	1983	70	0	70
1908	70	0	70	1946	**90**	**10**	100	1984	0	0	0
1909	**826**	**84**	910	1947	13	0	13	1985	32	0	32
1910	**1,513**	**0**	1,513	1948	0	0	0	1986	47	0	47
1911	0	0	0	1949	21	0	21	1987	12	0	12
1912	26	0	26	1950	0	0	0	1988	1	0	1
1913	8	0	8	1951	239	0	239	1989	24	0	24
1914	5	0	5	1952	1	0	1	1990	4	0	4
1915	0	0	0	1953	0	0	0	1991	0	0	0
1916	0	**420**	420	1954	9	0	9	1992	0	0	0
1917	**217**	**3**	220	1955	120	0	120	1993	0	0	0
1918	1	0	1	1956	0	0	0	1994	71	0	71
1919	104	0	104	1957	54	0	54	1995	30	0	30
1920	21	0	21	1958	0	0	0	1996	108	0	108
1921	0	0	0	1959	256	0	256	1997	12	0	12
1922	141	0	141	1960	0	0	0	1998	0	102	102
1923	**6**	**126**	132	1961	16	0	16	1999	**77**	**1,933**	2,010
1924	0	0	0	1962	0	0	0	2000	**5**	**8**	13
1925	0	0	0	1963	34	0	34	2001	36	0	36
1926	0	**18**	18	1964	0	**36**	36	2002	33	0	33
1927	35	**0**	35	1965	12	0	12	2003	21	0	21
1928	0	0	0	1966	71	0	71	2004	36	0	36
1929	54	0	54	1967	4	0	4	2005	7	0	7
1930	**6**	**480**	486	1968	37	0	37				
1931	**0**	**0**	0	1969	0	0	0				
1932	60	0	60	1970	**104**	**128**	232				
1933	6	0	6	1971	87	0	87				
1934	7	0	7	1972	**245**	**336**	581				
1935	343	0	343	1973	3	0	3				
1936	15	0	15	1974	0	0	0				
1937	36	0	36	1975	0	0	0				

台北盆地的未來地震潛勢

影響台北盆地未來地震潛勢主要的有兩個因素：一個是台灣北部地區的地體構造，這是提供地震活動的動力機制。另一個因素則是台北盆地內的活動斷層的歷史活動特性，這提供了較明確的地震活動區域或範圍。我們先從歷史地震目錄這個分析角度切入未來地震潛勢的主題。

由圖 8-1 所示 1973 至 1988 年間台灣地區規模大於或等於 4.0 的地震次數分布圖來看，台北盆地 16 年間發生六次規模大或等於 4.0 的地震，最大規模爲M5.3。由表 8-3 所示 1991 至 2004 年間地震規模大於或等於 3.0 的地震目錄來看，14 年間共發生 25 次規模大或等於 3.0 的地震，最大規模爲 3.7。由表 8-3 我們可以很清楚的發現，台北盆地地震的震源深度分布有兩個範圍：一爲 10km 以內的極淺層地震，另一則爲 120km以外的中源深度地震，這與台北盆地下方菲律賓海板塊的隱沒有關。

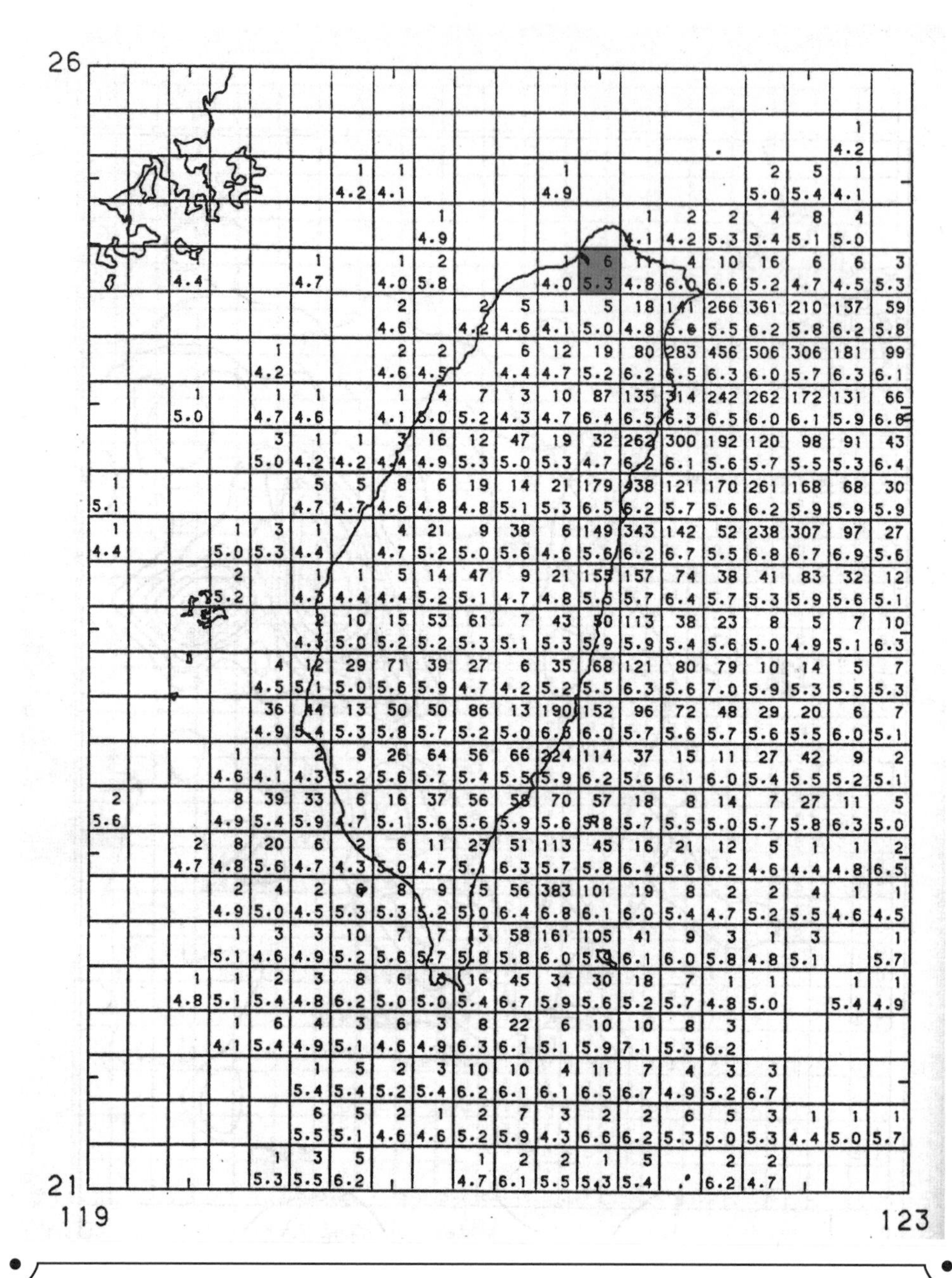

圖 8-1　西元 1973 年至 1988 年間台灣地區規模大於等於 4.0 的地震資料分布圖。圖中方格面積為 12'×12'，方格上方阿拉伯數字為此時期的地震次數，而下方數字為此時期的最大地震規模。
(摘自西元 1640 年至 1988 年台灣地區地震目錄，1989)

台北 101 大樓 75 萬公噸重量的荷重，對台北盆地的地震趨勢有沒有影響是另一個引人注目的問題。本文摘錄台北 101 大樓落成以後，附近所發生的一些規模 3.0 以上的弱震如表 8-1，表 8-2 則統計台北盆地過去 350 年間的災害性地震目錄。

表 8-1

NO.	時間	震央位置	震源深度	規模
1	2004/10/23	25.02N　121.58E	8.8	4.1
2	2005/03/24	25.00N　121.56E	9.2	3.2
3	2005/12/05	25.00N　121.58E	10.7	3.7
4	2006/04/24	25.02N　121.52E	15.7	3.5

有關台北盆地歷史災害地震，本文整理摘錄的目錄如下：

表 8-2

NO.	時間	震央位置	規模	地震災害
1	1694/04(康熙 33 年)	25.0N　121.5E	M≧6.0	五股地區下陷，形成康熙台北湖
2	1815/07/11(嘉慶 20 年)	25.0N　121.6E	M≧5.5	龍山寺傾倒
3	1865/11/06(同治 4 年)	24.9N　121.6E	6.0	壽山巖崩塌，死亡頗多
4	1909/04/15	25.0N　121.5E	7.3	9 死 51 傷，房屋 122 間倒塌

有關台北盆地下方的地體構造，可由圖 8-2 台灣北部地震活動剖面圖，清楚看到板塊隱沒的 Benioff Zone(班尼奧夫帶)，這是基本上控制台北盆地地震(特別是深部地震)的一個主要因素。

表 8-3　台北盆地地震的震源深度分布

No.	DATE_UTC	TIME_UTC	DATE_TAIP	TIME_TAIP	Latitude	Longitude	Depth	Mag	zoon
1	1992-10-14	20:19:19.28	1992-10-15	04:19:19.28	25.19	121.57	1.0	3.0	W1
2	1993-02-12	23:51:42.07	1993-02-13	07:51:42.07	25.18	121.56	3.8	3.0	W1
3	1994-04-19	23:56:17.41	1994-04-20	07:56:17.41	25.14	121.57	7.4	3.4	W1
4	1995-07-30	18:00:52.96	1995-07-31	02:00:52.96	25.17	121.58	5.2	3.0	W1
5	1995-09-16	10:11:29.13	1995-09-16	18:11:29.13	25.03	121.60	122.5	3.0	W1
6	1996-12-17	19:29:05.31	1996-12-18	03:29:05.31	25.05	121.57	149.5	3.0	W1
7	1997-02-06	20:36:36.25	1997-02-07	04:36:36.25	25.15	121.54	143.6	3.0	W1
8	1997-06-24	16:37:12.89	1997-06-25	00:37:12.89	25.12	121.58	8.6	3.7	W1
9	1997-07-17	17:19:00.39	1997-07-18	01:19:00.39	25.10	121.55	185.6	3.3	W1
10	1997-12-11	03:10:39.41	1997-12-11	11:10:39.41	25.17	121.58	138.3	3.1	W1
11	1998-02-28	07:15:10.10	1998-02-28	15:15:10.10	25.05	121.54	130.9	3.0	W1
12	1998-03-13	11:26:34.56	1998-03-13	19:26:34.56	25.16	121.60	148.6	3.4	W1
13	1998-03-25	12:59:59.78	1998-03-25	20:59:59.78	25.14	121.58	146.5	3.1	W1
14	1998-05-10	21:19:29.90	1998-05-11	05:19:29.90	25.19	121.59	6.3	3.1	W1
15	2001-07-15	23:48:31.60	2001-07-16	07:48:31.60	25.10	121.56	133.9	3.0	W1
16	2001-09-13	15:10:09.76	2001-09-13	23:10:09.76	25.16	121.54	137.1	3.2	W1
17	2001-11-12	21:21:03.00	2001-11-13	05:21:03.00	25.12	121.43	147.2	3.0	W1
18	2002-11-21	15:37:18.19	2002-11-21	23:37:18.19	25.09	121.55	117.1	3.1	W1
19	2003-04-12	00:09:23.88	2003-04-12	08:09:23.88	25.11	121.59	160.0	3.3	W1
20	2003-07-20	05:05:43.16	2003-07-20	13:05:43.16	25.19	121.58	205.4	3.3	W1
21	2003-09-11	06:21:50.93	2003-09-11	14:21:50.93	25.05	121.49	145.9	3.1	W1
22	2004-04-10	03:15:46.48	2004-04-10	11:15:46.48	25.07	121.52	152.3	3.1	W1
23	2004-05-15	18:18:00.70	2004-05-16	02:18:00.70	25.05	121.60	139.5	3.4	W1
24	2004-06-30	14:25:35.29	2004-06-30	22:25:35.29	25.09	121.57	140.7	3.4	W1
25	2004-10-23	14:04:27.51	2004-10-23	22:04:27.51	25.01	121.56	9.5	3.7	W1

資料來源：中央氣象局

Northern Taiwan Cross Sections (1991.1 - 2002.3, M>=3)

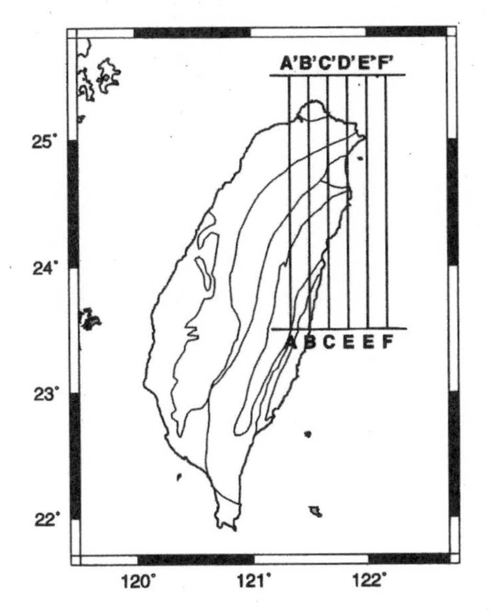

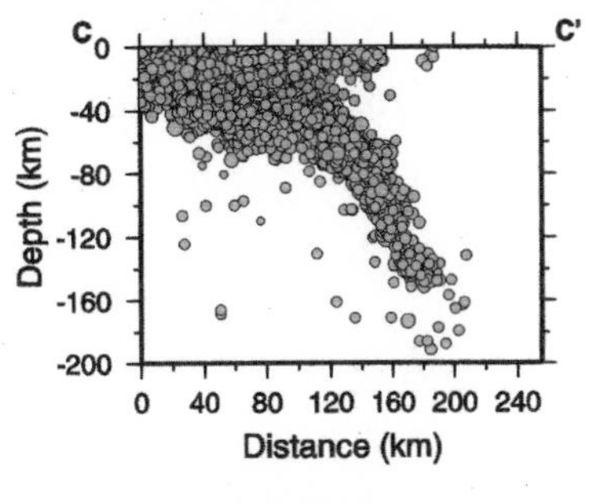

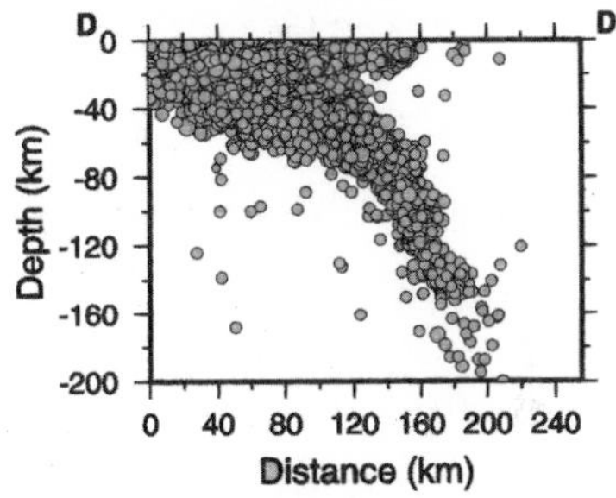

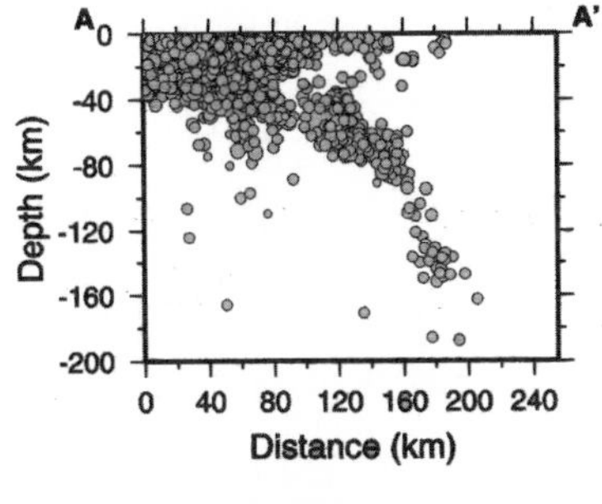

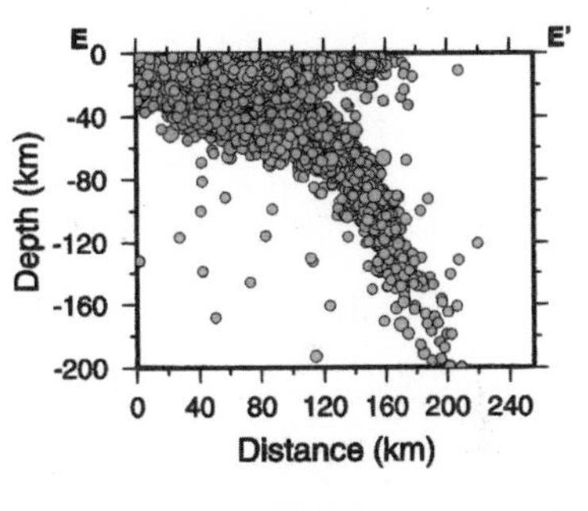

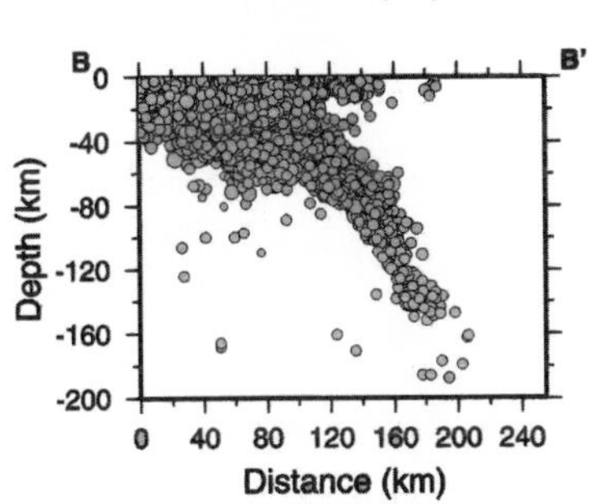

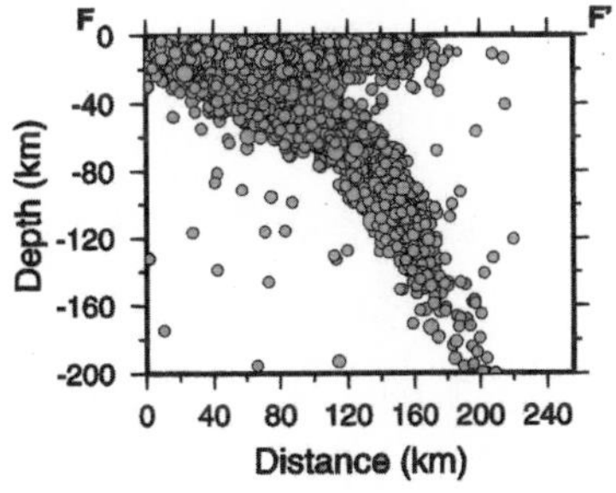

圖 8-2　台灣北部地震活動剖面圖
(摘自饒瑞鈞：臺灣的地震地體構造，2002)

有關台北盆地的活動斷層分布，在經濟部地調所 2000 年版的活動斷層分布圖中，台北盆地只有一條第二類的山腳斷層，和一條存疑性的金山斷層。1998 年版的崁腳斷層、台北斷層與新店斷層因爲只錯移中新世地層，故在2000年版中予以更正。

山腳斷層是一條活動斷層，是宜蘭外海沖繩海槽的擴張向西延伸至台灣陸地，使台灣北部地區受到西北-東南方向的伸張應力所形成的。山腳斷層是一個斷層西向東南的正斷層，斷層上盤(東南側)持續陷落形成了今天的台北盆地。台北盆地在過去1萬年至30萬年左右期間，一共下陷了600公尺，也就是平均1,000年下陷2公尺；康熙33年(1694年)4 月的五股地區下陷所形成的康熙台北湖(湖面達 150 平方公里左右)，即可能爲山腳斷層的活動所造成的。山腳斷層爲一長 15 公里的活動斷層，斷層自關渡附近向南南西方向延伸至新莊，在關渡地區斷層帶寬度約170公尺，在泰山地區斷層寬度則縮減爲80公尺。

根據山腳斷層長度(15 公里)、地層厚度及錯動情形來看，一旦震動，地震規模約爲5.8～7.1之間，亦即可能發生規模6以上的地震。一旦發生大規模位移，台北盆地會下沉 2～3 公尺。前消防署陳弘毅署長說，一旦規模達到7級，在台北都會區可能會造成25萬人的傷亡。中央氣象局地震測報中心陳伯飛博士認爲山腳淺層斷層的活動週期爲300至396年。如果1694年的地震是山腳斷層活動，由活動週期來看，台北盆地未來的地震潛勢是值得注意的；特別再加上大屯山活火山的潛在火山爆發危險，台北都會區的天然災害危脅仍然是嚴峻的。至於 1909 年規模 7.3 的地震因爲深度達到 80 公里，屬於中源深度(＞ 70km)的地震，未列入上述的淺層斷層活動分析之中。

圖 8-3 與圖 8-4 則是台北盆地的主要斷層分布圖與地層剖面圖。此二圖中有加註 2004/10/23、2005/03/24 與 2005/12/05 三個地震(NO. 1～3)的震央位置與震源深度，可見上述近期台北盆地內的有感地震極可能與山腳斷層的活動有關(與 101 大樓較無關)。若山腳斷層是以高角

度(70 度傾角)向東南方切入地殼的話，2006/04/24 震源深度爲 15.7 公里的地震(NO.4)即與山腳斷層有關。當然，這些近期內台北盆地的四起有感地震(1992/08/21，1997/06/24，2004/10/23 與 2005/12/05)(平均 3～4 年 1 次)，仍値得後續的注意與觀察。

發生在臺北東區的三起地震震央位置及其與臺北盆地附近各主要斷層的平面關係，這三起地震距離臺北 101 都在數公里之遙。

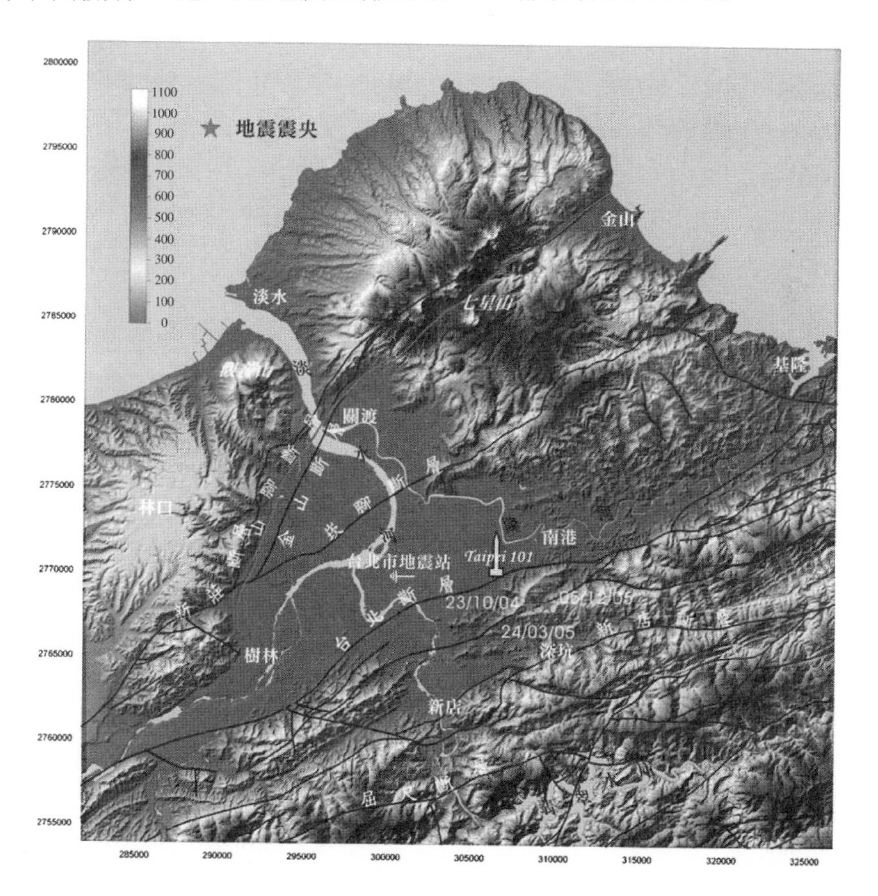

圖 8-3　台北盆地主要斷層分布圖
(摘自林朝宗，地質，24(4)，2005)

臺北東區三起地震震源深度與臺北盆地附近各主要斷層的垂直關係圖，這三起地震的震源均位於臺北斷層面之下，但極爲接近推測的山腳斷層。

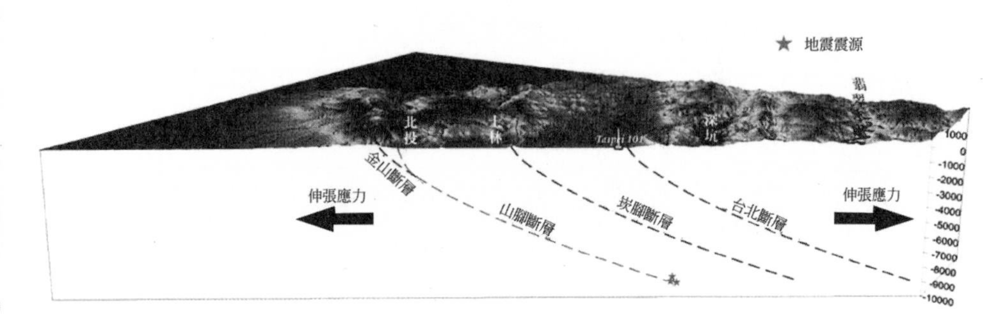

圖 8-4　台北盆地地層剖面圖
(摘自林朝宗，地質，24(4)，2005)

嘉南地震帶的未來地震潛勢

我們曾經以1900至1999年，100年間的規模六以上的歷史地震與地震災害目錄，使用我們自己發展的強震潛勢分析方法，繪製了台灣地區未來10年(2001至2010年)的地震危險圖，包含了未來地震風險、損失風險與及歷史(過去)災害分級及損失分級等四種有關風險與統計的台灣地區地震危險地圖。分析結果顯示，未來 10 年地震風險以東部地震帶最高，損失風險則以嘉南地震帶和琉台地震帶的宜蘭縣爲較高範圍。台灣未來10年是處於第六個相對平靜期中(2003至2016年)。平靜期中發生規模七以上的強震大約只有一次左右。

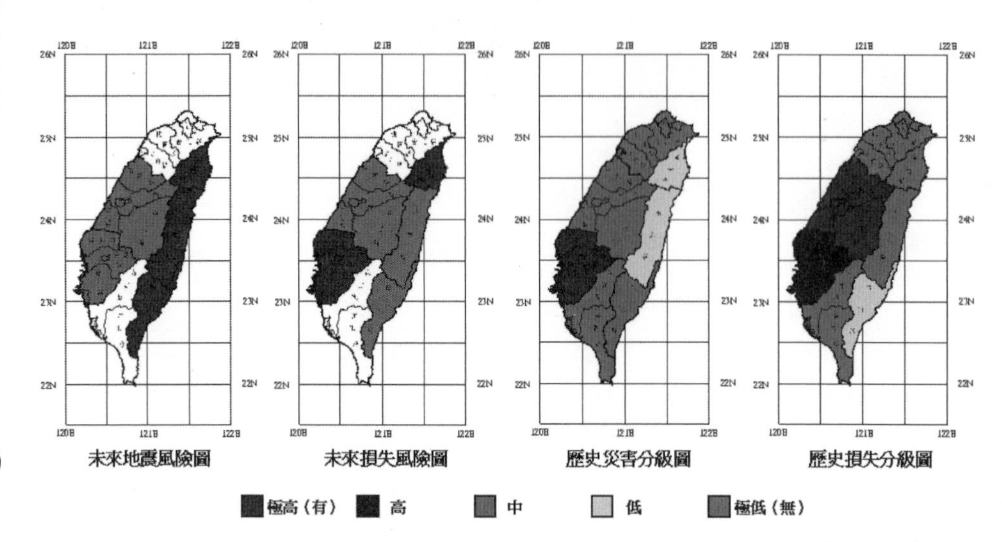

附註：1. 未來地震風險、歷史災害分級與歷史損失分級圖等級區分爲極高、高、中、低與極低等5個等級；未來損失風險圖等級區分爲有風險與無風險2個等級，未著色地區則表示未進行分析。

2. 地震危險圖使用過去100(1900～1999年)間的地震與災害紀錄進行分析。

3. 若以過去340年的強震紀錄分析，台灣地區未來10年均處於地震活動的相對平靜期內。

圖 9-1　2001 年至 2010 年台灣地區地震危險圖

台灣地區規模六以上的地震風險一向是東部高於西部(4：1)，但嘉南地震帶(W3)和琉台地震帶(E1)(宜蘭)的損失風險是在此相對平靜期間所應當注意的。我們再看 2000 年至今規模六以上的地震目錄和災害性地震目錄(表 9-1、表 9-2)，由 W3 和 E1(E3)來看，台灣地區目前仍未能在已過的六年間脫離此災害潛勢，嘉南地震帶仍然是目前我們所最關心的高災害風險地震區。

表 9-1　2000-2006 M ≥ 6.0 地震定位資料一覽表

NO.	DATE_UTC	TIME_UTC	DATE_TAIP	TIME_TAIP	Laitude	Longitude	Depth	Mag	zoon8	zoon4
1	2000/06/10	18:23:29.45	2000/06/11	02:23:29.45	23.90	121.11	16.20	6.70	W2	B
2	2000/07/28	20:28:07.72	2000/07/29	04:28:07.72	23.41	120.93	7.30	6.10	E3	B
3	2000/09/10	08:54:46.53	2000/09/10	16:54:46.53	24.09	121.58	17.70	6.20	E3	C
4	2001/02/16	23:13:09.08	2001/02/17	07:13:09.08	24.46	122.76	60.50	6.00	E1	C
5	2001/06/13	13:17:54.15	2001/06/13	21:17:54.15	24.38	122.61	64.40	6.30	E1	C
6	2001/06/14	02:35:25.78	2001/06/14	10:35:25.78	24.42	121.93	17.30	6.30	E1	C
7	2001/12/18	04:03:00.75	2001/12/18	12:03:00.75	23.87	122.65	12.00	6.70	E2	C
8	2002/02/12	03:27:25.00	2002/02/12	11:27:25.00	23.74	121.72	30.00	6.20	E2	C
9	2002/03/31	06:52:49.95	2002/03/31	14:52:49.95	24.14	122.19	13.80	6.80	E1	C
10	2002/05/15	03:46:05.91	2002/05/15	11:46:05.91	24.65	121.87	8.50	6.20	E1	C
11	2002/05/28	16:45:14.97	2002/05/29	00:45:14.97	23.91	122.40	15.20	6.20	E2	C
12	2002/08/28	17:05:34.06	2002/08/29	01:05:34.06	22.26	121.37	12.00	6.03	E4	D
13	2002/09/16	00:03:30.74	2002/09/16	08:03:30.74	25.10	122.39	175.70	6.80	E1	C
14	2003/06/10	08:40:32.05	2003/06/10	16:40:32.05	23.50	121.70	32.30	6.48	E2	D
15	2003/12/10	04:38:13.52	2003/12/10	12:38:13.52	23.07	121.40	17.70	6.42	E3	D

表 9-1　2000-2006 M ≥ 6.0 地震定位資料一覽表(續)

NO.	DATE_UTC	TIME_UTC	DATE_TAIP	TIME_TAIP	Laitude	Longitude	Depth	Mag	zoon8	zoon4
16	2004/05/19	07:04:12.94	2004/05/19	15:04:12.94	22.71	121.37	27.10	6.03	E3	D
17	2004/10/15	04:08:50.18	2004/10/15	12:08:50.18	24.46	122.85	91.00	7.10	E1	C
18	2004/11/08	15:54:55.86	2004/11/08	23:54:55.86	23.79	122.76	10.00	6.58	E2	C
19	2004/11/11	02:16:44.50	2004/11/11	10:16:44.50	24.31	122.16	27.30	6.09	E1	C
20	2005/06/01	16:20:05.70	2005/06/02	00:20:05.70	24.64	122.07	64.80	6.00	E1	C
21	2005/09/06	01:16:00.40	2005/09/06	09:16:00.40	23.96	122.28	16.80	6.00	E2	C
22	2006/04/01	10:02:19.50	2006/04/01	18:02:19.50	22.88	121.08	7.20	6.20	E3	D
23	2006/04/15	22:40:55.40	2006/04/16	06:40:55.40	22.86	121.30	17.90	6.00	E3	D
24	2006/07/27	07:40:12.20	2006/07/28	15:40:12.20	24.05	122.43	5.00	6.10	E2	C
25	2006/08/27	17:11:17.00	2006/08/28	01:11:17.00	24.80	123.07	135.3	6.00	E1	C
26	2006/10/09	10:01:45.60	2006/10/09	18:01:45.60	20.07	119.83	28.0	6.10	W4	B
27	2006/10/09	11:08:25.00	2006/10/09	19:08:25.00	20.77	119.93	8.0	6.10	W4	B
28	2006/12/26	12:26:21.00	2006/12/26	20:26:21.00	21.69	120.56	44.1	7.00	W4	B
29	2006/12/26	12:34:15.10	2006/12/26	20:34:15.10	21.97	120.42	50.2	7.00	W4	B

資料來源：中央氣象局

表 9-2　2000-2006 年災害性地震 地震定位資料一覽表

NO.	DATE_TAIP	TIME_TAIP	Laitude	Longitude	Depth	Mag	zoon8	死亡人數
90	2000/05/17	11:25	24.2	121.1	3.0	5.3	W2	3
91	2000/06/11	02:23	23.9	121.1	10.2	6.7	W2	2
92	2002/03/31	14:52	24.2	122.1	9.6	6.8	E2	5
93	2002/05/15	11:46	24.6	121.9	5.0	6.2	E1	1
94	2003/12/10	12:38	23.1	121.3	10	6.6	E3	0
95	2004/05/01	15:56	24.1	121.95	17.8	5.8	E1	2
96	2006/04/01	18:02	22.9	121.1	7.2	6.2	E3	0
97	2006/12/26	20:26	21.9	120.6	21.9	6.7	W4	2

資料來源：中央氣象局

嘉南地震帶位於台灣西部板塊聚合碰撞變形帶的前緣，脊樑山脈、雪山山脈、玉山山脈以西至阿里山山脈麓山丘陵地，造山運動、地殼抬升在歐亞大陸板塊的東緣造成山脈南北高聳與綿梗。依據地調所 2000 年版台灣活動斷層分布圖來看，台灣西南部共有九條活動斷層，其中有四條是第一類的，即梅山、大尖山、觸口與新化斷層。若再把近年研究成果的九穹坑與後甲里斷層考慮爲第一類活動斷層合併來看，以觸口斷層(第一類)南北貫穿整個嘉南地震帶，北端大尖山、梅山與九穹坑斷層匯聚成嘉南地震帶北部的一個極高地震潛勢的地區。觸口斷層的南端則有後甲里、新化(第一類)與左鎮斷層(存疑性)形成嘉南地震帶另一個次高地震潛勢的地區。這四條第一類活動斷層，除了梅山斷層在 1906 年透過梅山地震釋放過累積能量，與新化斷層在 1946 年新化地震錯動過外，其他四條活動斷層(含九穹坑與後甲里)百年來均無錯動的紀錄，未來地震與災害潛勢應該都是高的。

如果我們以工程地震的角度整理西南地震帶相關活動斷層的地震復發間隔，B^+級(再現週期 100～150 年)的有九穹坑與梅山(加盲斷層)兩條。B^-級(再現週期150～200年)有木屐寮+六甲與新化+後甲里+盲斷層等兩條。C^+級(再現週期 200～250 年)有古坑斷層，C^-級(再現週期250～300年)則有觸口斷層。我們以這六條活動斷層的再現週期來看未來100年嘉南地震帶的可能地震潛勢：

表 9-3　未來 100 年嘉南地震帶的地震潛勢

斷層名稱	等級	可能規模 Mu	破裂面積 km^2	地震潛勢		
				1801~1900	1901~2000	2001~2100
九穹坑	B+	7.0	~600	(1840)	(1950)	
梅山+盲斷層	B^+	7.2	~900	(1850)	(1906)	(2040)
木屐寮+六甲	B^-	7.1	~800	(1840)	(2005)	
新化+後甲里+盲斷層	B^-	7.2	~900		(1946)	
古坑	C^+	6.3	~160	(1840)		(2040)
觸口	C^-	7.5	~1800	(1800)		(2070)

顯然自21世紀起，九穹坑與木屐寮+六甲斷層即有極高的地震與震害潛勢。2040 年起再加上梅山與古坑兩條活動斷層(後者目前存疑)；2070年起再加上觸口這條超級活動斷層(規模7.5，破裂面積達1800km^2)；嘉南地震帶未來的地震與震害潛勢是相當嚴峻的。

根據1900～2005年W3區規模≧6.0地震目錄的統計，嘉南地震帶每年累積的地震能量大約是5.645×10^{22}erg，約略相當於一個M6.6，加上一個M6.0再加上一個M4.4的地震能量。如果由100年來看，則大約是一個M7.9，加上一個M7.5再加上一個M6.6和一個M5.8的能量。也就是說一年的累積能量是 6.6+6.0+4.4，一百年累積的能量則爲7.9+7.5+6.6+5.8。不過由160年的地震目錄(表9-4)來看，嘉南地震帶的地震規模上限應爲M7.1左右。

表 9-4　1839-2006 年 W3 區規模≧6.0 地震目錄

編號	日期	時間	緯度	東經	深度	規模
1	1839/06/27	—	23.5	120.5	—	6.5
2	1840/10/10	—	23.7	120.5	—	6.0
3	1862/06/07	—	23.2	120.2	—	7.0
4	1902/03/20	09:59:00	23.2	120.6	20	6
5	1904/04/24	14:39:00	23.38	120.48	2	6.2
6	1904/11/6	04:25:00	23.58	120.25	7	6.1
7	1906/03/17	06:42:30	23.58	120.45	6	7.1
8	1906/04/14	03:18:00	23.4	120.4	20	6.4
9	1930/12/21	55:00.0	23.18	120.24	0	6.5
10	1930/12/22	52:00.0	23.18	120.24	0	6.6
11	1930/12/22	08:00.0	23.18	120.24	0	6.6
12	1941/12/17	03:19:41	23.4	120.48	12	7.1
13	1941/12/17	03:29:38	23.35	120.48	0	6.4
14	1941/12/18	04:29:00	23.4	120.4	10	6.2
15	1946/12/5	06:47:00	23.07	120.33	5	6.1
16	1964/1/18	20:04:14	23.27	120.61	18	6.1
17	1998/7/17	12:51:15	23.5	120.66	2.8	6.2
18	1999/10/22	10:18:57	23.52	120.42	16.6	6.4
19	1999/10/22	11:10:17	23.53	120.43	16.7	6

這麼快速能量累積(其實中部地震帶(W2)的地震能量累積容量是W3的2.65倍，也是全台八區最高的。百年累積能量可以達到M8.0+M8.0+

M7.8+M6.7 之多，平均一年也達到M6.9+M6.2；民國 88 年 921 的集集 M7.3 重創中部地區即爲重要一例)在歷史時間中是怎麼釋放的，應更屬重要關鍵。我們可以由七級地震間隔和群震間隔這二個角度來看未來嘉南地震帶的地震潛勢問題。

由 160 年地震目錄的三次規模≧7.0 的資料來看，1862 到 1906 年是 44 年，而 1906 到 1941 年則爲 35 年，其七級間隔約爲 40 年。我們可以這麼推論，在下一個 M7.1 的大地震來到前，嘉南地震帶至少還有一個 M6.4(或二個 M6.2、或三個 M6.1 或四個 M6.0)的累積能量有待釋放；也就是說仍待 M6.0 至 M6.4 地震發生後，嘉南地震帶可能才進入未來 M7.1 地震的可能臨界點。

嘉南地震帶在 1906 年、1930 年與 1941 年均發生過規模超過 6.5 的群震，而且兩次都是 M7.1 的強震來領軍。若這就是嘉南地震帶震度七級強震的可能釋放模式的話，其震害潛勢就十分驚人了。1906 年的梅山地震造成 1,273 人死亡和 8,563 棟房屋全毀。1941 年的中埔裂震則造成了 358 人死亡和 4520 棟房屋全毀。1930 年的群震(M6.5、M6.6)也造成了 4 人死亡和 170 棟房屋全毀。這是強震群型地震的可怕，而基本上，嘉南地震帶是會發生這種強震群型的地震。下一次若再發生規模七的強震，極可能是強震群型，它的震害影響仍然是十分巨大的。至於它發生的時間，除了受七級門檻的影響如上述外，在第六個平靜期(2003～2016 年)內比較不可能發生，較有可能要到百年來第七個相對活躍期，也就是民國 105 年以後較有可能發生。

地震災害預測

當我們檢視中央氣象局地震測報中心公布之「廿世紀(1900～)與廿一世紀(2000～)台灣地區災害性地震」資料，可以有下列的結論：

扣除未造成人員死亡與房屋全毀災害之地震後，廿世紀以來共有78個產生了至少有1人以上死亡或至少有1棟房屋全毀這樣定義的災害性地震。也就是平均1.3年即在台灣地區發生一次災害性地震。在這106年間(1900～2005)因地震肇致的死亡人數高達7,984人，平均一年達75人之多。房屋全毀103,188戶，也就是平均一年達973戶近1,000戶之多，可見因地震而衍生的災害之鉅，令人心驚。

地震災害有三個基本因素要考慮：一爲地震的規模大小、一爲震源深度的深淺，另一則爲環境與社會因素。綜合這三個原因，我們可以再環顧台灣十大地震與近代規模超過7.0以上的大地震(強震)震害的可怕。

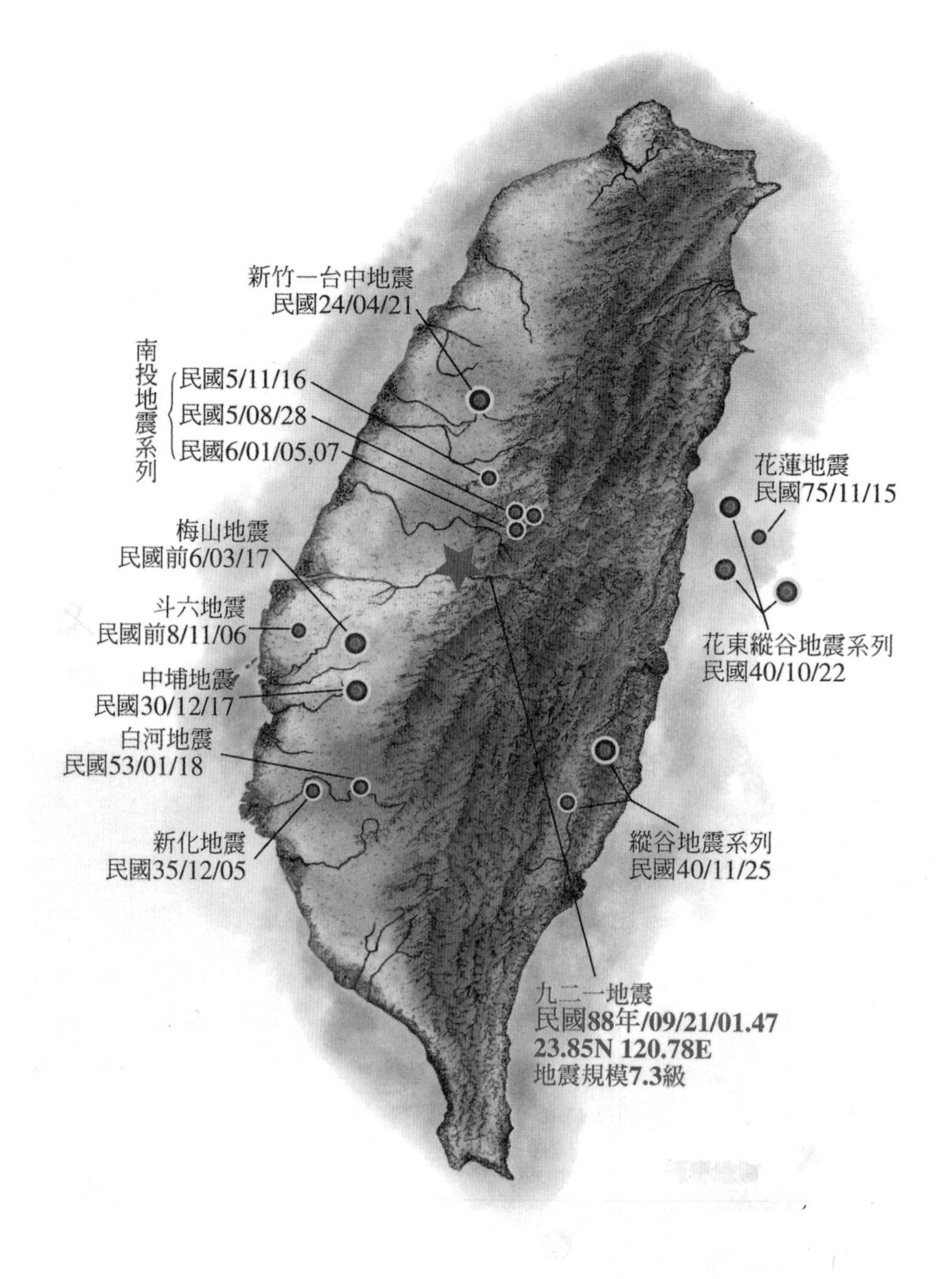

圖 10-1 1900～2005 台灣十次重大震害地震分布圖
(摘自台灣的天然災害，2004)

表 10-1　1900～2005 台灣十大災害性地震震害統計表

日期				震央地點	源度(公里)	規模	傷亡(總數)	房屋損毀(戶)	地面現象
年	月	日	時						
1904	11	6	4	嘉義斗六-朴子	20	6.3	303	3,858	地裂噴砂
1906	3	17	6	嘉義梅山-民雄附近	15	7.1	3,643	20,987	斷層、地裂、噴砂
1916	8	28	15	南投濁水溪上游	?	6.4	75	5,499	
1916	11	15	6	台中東南方	?	5.7	21	1,969	
1917	1	5	0	埔里附近	?	5.8	139	755	南投地震系列。
1917	1	7	2	埔里附近	?	5.6	21	685	
1935	4	21	6	新竹關刀山附近	5	7.1	15,329	54,688	斷層、山崩、地陷(新竹台中烈震)
1941	12	17	3	嘉義　中埔	10	7.1	1,091	15,606	山崩
1946	12	5	6	台南新化附近	5	6.3	556	4,038	斷層、地裂、噴砂
1951	10	22	5 11	花蓮東方 5-30 km	4 20	7.3 7.1	654	2,382	山崩、地裂
1951	11	25	2	台東北方 30 km	36	7.3	346	1,592	山崩、地裂
1964	1	18	20	台南曾文水庫附近	20	6.3	56	15,808	山崩、地裂、噴砂(嘉義烈震)白河地震

表 10-1　1900～2005 台灣十大災害性地震震害統計表(續)

日期				震央地點	源度(公里)	規模	傷亡(總數)	房屋損毀(戶)	地面現象
年	月	日	時						
1986	11	15	5	花蓮東南	15	6.8	58	75	蘇花與橫貫公路中斷中和市場倒塌
1999	9	21	1	南投集集鎮	7.5	7.3	12,400	70,000	山崩、土石流、地變、斷層、土壤液化
1999	9	22	2	台中市附近		6.8			集集烈震餘震
1999	9	26	8	日月潭東方 10km	淺	6.8	67		同上
1999	10	22	10	嘉義市附近	12.0	6.4	262	65	地裂

註：本表內容選自徐明同(1971)附錄二列表之資料，並參考中央氣象局資料，增列 1966 年以後之重大事件。

我們可以發現十大災害性地震有八次發生在台灣西部地區，而且震央均在陸地上。僅有兩次發生在東部地區，1986 年的花蓮地震與 1951 年 10 月 22 日的縱谷地震均發生在花蓮東方及東南方的外海。

台灣百年來僅發生兩次八級以上的烈震。一為 1910 年 0412 發生在基隆東方近海規模為 8.3(或 7.8)的強震，但因震源深度達 200km(中源深度地震)，並未造成人員的傷亡。另一則為 1920 年 6 月 5 日發生在花蓮東方近海亦為規模 8.3(或 8.0)的強震，但震害程度尚未列入百年來十大災害性地震之內。

台灣地區百年來(1900～2005)發生規模 7.0 以上的強震共有 39 次，其中有 23 次被列入為災害性地震。這 23 次規模 7.0 以上的災害性地震，有半數 14 次其震央位置是發生在東部外海。此 23 次規模 7.0 以上的強震震害如表 10-2 所示。

在這 78 次災害性地震中，震央位置發生在東部外海共有 27 次，佔 35%，其最小規模為 5.6 以上。震央位於陸上佔 65%的 51 次災害性地震中，其最小規模各有一次為 4.9 和 5.0，有 2 次為 5.3，有 2 次為 5.5，另有 2 次為 5.6。因此陸上災害性地震其最小規模在 5.0 左右。

台灣近代的災害性地震中，死亡人數超過千人的大地震共有三次。1935 年的新竹—台中地震造成 3276 人死亡，1999 年的集集地震造成 2413 人死亡，列名第三的則是 1906 年的梅山地震，死亡人數亦達 1258 人之多。房屋全毀超過一萬戶的災害性地震亦有三次。1999 年 921 地震房屋全倒達 51,711 戶，1935 年的新竹—台中地震造成 17,907 戶房屋全倒，而 1964 年的白河地震排名第三，亦造成了 10,924 戶的房屋全倒。

台灣未來的地震災害潛勢，我們曾以GM(1,1)灰預測模式進行地震傷亡率的灰預測，而得到下面的結論(學術性研究，只能作為參考之用)：

1. 嘉南地震帶下一次強震(其規模在 7.0 以內)所導致的人員傷亡不是 150 人左右；即是介於 110～68 人之中。

表 10-2　台灣近代規模超過 7.0 以上的大地震與震害一覽表

排名	年月日	時	分	緯度	經度	地點	震深源度(km)	規模	人口死亡	房屋全毀	備註
1	1920/06/05	12	21	24.0	122.0	花蓮東方近海	20	8.3	5	273	
2	1910/04/12	8	22	25.1	122.9	基隆東方近海	200	8.3		13	
3	1966/03/13	0	31	24.2	122.7	花蓮外海	42	7.8	4*	24*	
4	1959/04/27	4	41	24.1	123.0	琉球與那國島	150	7.7	1	9	
5	1922/09/02	3	16	24.5	122.2	蘇澳近海	20	7.6	5	14	
6	1999/09/21	1	47	23.9	120.8	日月潭西方 9 公里	8	7.3	2,413*	＞10 萬棟	二十世紀台灣島內規模最大地震，車籠埔斷層活動，錯動長達 80 公里。南投、台中縣災情慘重。(集集大地震)。
7	1951/10/22	5	34	23.9	121.7	花蓮東南東 15km	4	7.3	68		花東縱谷地震系列。山崩地裂，鐵路彎曲下沉。
8	1951/11/25	2	50	23.2	121.4	台東北方 30km	36	7.3	17	1,016	花東縱谷地震系列。

表 10-2　台灣近代規模超過 7.0 以上的大地震與震害一覽表(續)

排名	年月日	時	分	緯度	經度	地點	震深源度(km)	規模	人口死亡	房屋全毀	備註
9	1909/04/15	3	54	25.0	121.5	台北附近	80	7.3	9	122	
10	1957/02/24	4	26	23.8	121.8	花蓮	30	7.3	11	44	山崩。
11	1963/02/13	16	50	24.4	122.1	宜蘭東南方 50 公里	47	7.3	3*	6*	蘇花公路坍方一處，橫貫公路山崩。
12	1908/01/11	11	35	23.7	121.4	花蓮萬榮附近	10	7.3	2	3	璞石閣附近有地裂及崖崩。
13	1972/01/25	10	07	22.5	122.3	台東東偏南 120 公里	33	7.3	1*	5*	
14	1909/11/21	15	36	24.4	121.8	大南澳附近	20	7.3		14	
15	1922/09/15	3	31	24.6	122.3	蘇澳近海	20	7.2		24	
16	1935/09/04	9	38	22.5	121.5	台東東南 50 公里綠島附近	20	7.2			
17	1935/04/21	6	02	24.4	120.8	竹縣關刀山附近	5	7.1	3,276	17,907	新竹-台中烈震。獅潭、屯子腳斷層。

表 10-2　台灣近代規模超過 7.0 以上的大地震與震害一覽表(續)

排名	年月日	時	分	緯度	經度	地點	震深源度 (km)	規模	人口死亡	房屋全毀	備註
18	1906/03/17	6	43	23.6	120.5	嘉義縣民雄	6	7.1	1,258	6,769	梅山地震。 梅仔坑北方至民雄長 13 公里斷層。
19	1941/12/17	3	19	23.4	120.5	嘉義市東南 10 公里中埔附近	12	7.1	358	4,520	嘉義地方(中埔)烈震。 草嶺山崩。
20	1959/08/15	16	57	21.7	121.3	恆春	20	7.1	16*	1,214*	恆春地震。
21	1951/10/22	11	29	24.1	121.7	花蓮東北東 30km	1	7.1			花東縱谷地震系列。
22	1951/10/22	13	43	23.9	122.0		18	7.1			花東縱谷地震系列。
23	1936/08/22	14	51	22.0	121.2	恆春東方 50 公里	30	7.1			

2. 中部地震帶下一次強震(其可能規模在 7.0 以上)，有可能會導致超過10萬人以上的傷亡。
3. 東部硫台地震帶下一次強震會導致人員的傷亡。
4. 花蓮地震帶若發生規模六以上的地震會導致 20～30 人的傷亡；花蓮地震帶若發生規模七以上的地震會導致35～100人左右的傷亡。
5. 台東地震帶下一次強震會導致2至7人的傷亡。

以上的分析使用的是中央氣象局歷史災害性地震目錄(1904～1999)。而未來的地震災害潛勢指的是2000年以後，論文發表時間爲2000年。2003年12月10日發生在台東成功地震站西方3公里規模6.6的地震曾導致近30人的傷亡，可供對照參考。

根據一些其他專家學者的意見，前消防署署長陳弘毅先生針對牛頓雜誌記者的訪問(牛頓207期)提到如果921地震發生在台北市，將會造成 25 萬人的死傷。台大醫學院醫學工程研究中心主任王正一教授推估台北市如果發生規模7.2地震，大約會有1萬人死亡，10萬人受傷，50萬人無家可歸。直接財務損失大約爲5兆新台幣，國家救濟的費用至少爲600億，初期重建費至少需1,160億元。依據牛頓雜誌207期本地修正後的台北市震災預估，921地震震源如果發生在台北，則強度大約會是當時的800倍，也就是震害亦爲921的800倍之多。屆時死亡人數約爲8萬人，19萬2千人受傷，6,400戶房子全倒，656,000戶房子半倒，可能造成200萬人無家可歸。暨南國際大學土木系李咸享教授認爲台北盆地可縮小50%的地震能量，因此震害可減半爲大約40,000人死亡，100,000人受傷，3,000戶房子全倒，300,000萬戶房子半倒，以及造成100萬人左右無家可歸。不過這些預估均只爲可供參考的台北盆地震害評估資料。若根據 Haz-Taiwan 地震災害模擬與災害決策支援系統對台北市震災的模擬，假設可能發生的地震震央在陽明山附近，規模爲M6.8；災害設定時間爲冬至的下午5～6點，其境況模擬的結果整理如下：

台北市地震災損模擬報告一

日期：2006/12/22

時間：16:30:0

芮氏規模：6.80

震央經度：121.5430

震央緯度：25.1570

震源深度：10.00 公里

活動斷層：山腳斷層

斷層線走向：45 度

開裂面傾角：40 度

開裂面長度：11.70 公里

開裂面寬度：17.00 公里

【嚴重損害的棟數】

縣市名	低層棟數	中層棟數	高層棟數	總棟數
台北市	5,566.3	2,483.1	275.6	8,325.0
總　計	5,566.3	2,483.1	275.6	8,325.0

【完全損害的棟數】

縣市名	低層棟數	中層棟數	高層棟數	總棟數
台北市	3,967.5	1,289.2	120.8	5,377.5
總　計	3,967.5	1,289.2	120.8	5,377.5

【日間傷亡的人數】

縣市名	微傷	輕傷	重傷	死亡	傷亡和
台北市	555.3	656.7	865.6	1,258.3	2,123.9
總　計	555.3	656.7	865.6	1,258.3	2,123.9

【夜間傷亡的人數】

縣市名	微傷	輕傷	重傷	死亡	傷亡和
台北市	469.4	567.4	752.6	1,096.5	1,849.1
總　計	469.4	567.4	752.6	1,096.5	1,849.1

【假日或通勤時段傷亡的人數】

縣市名	微傷	輕傷	重傷	死亡	傷亡和
台北市	490.2	585.9	774.6	1,127.2	1,901.8
總　計	490.2	585.9	774.6	1,127.2	1,901.8

【陽明山發生地震，山腳斷層開裂災損報告】

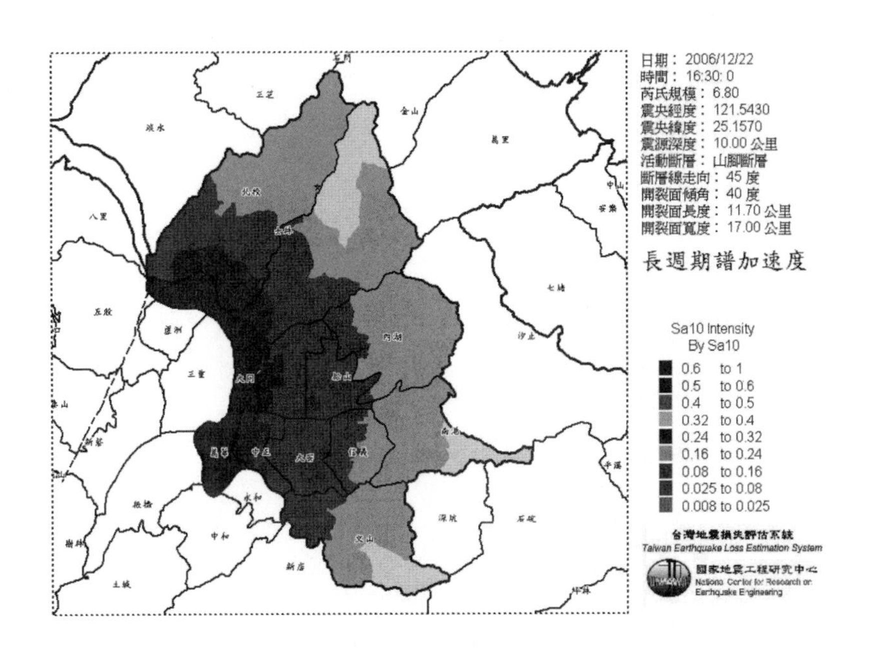

圖 10-4　台灣地震損失評估系統台北地震境況模擬結果(一)

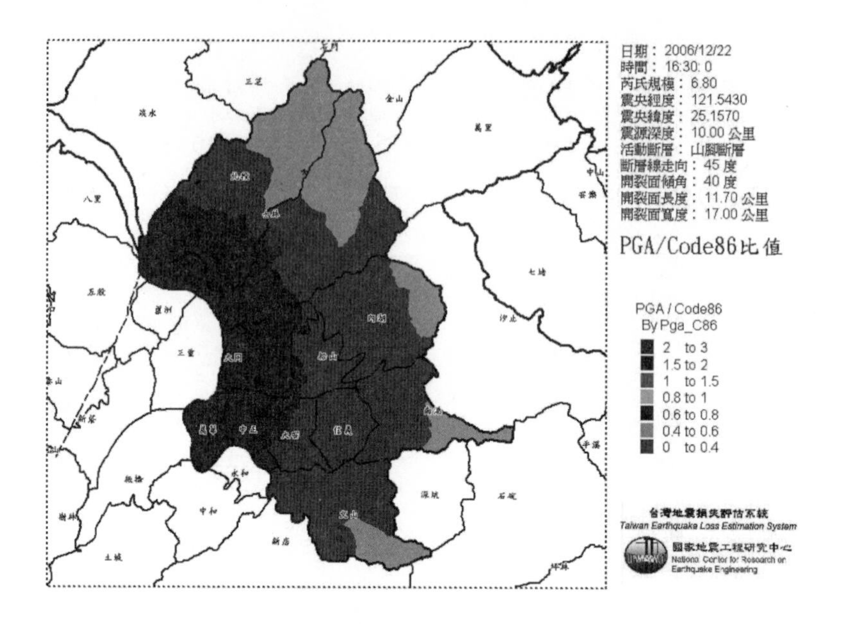
日期：2006/12/22
時間：16:30: 0
芮氏規模：6.80
震央經度：121.5430
震央緯度：25.1570
震源深度：10.00 公里
活動斷層：山腳斷層
斷層線走向：45 度
開裂面傾角：40 度
開裂面長度：11.70 公里
開裂面寬度：17.00 公里
PGA/Code86比值
PGA / Code86
By Pga_C86
2 to 3
1.5 to 2
1 to 1.5
0.8 to 1
0.6 to 0.8
0.4 to 0.6
0 to 0.4
台灣地震損失評估系統
Taiwan Earthquake Loss Estimation System
國家地震工程研究中心
National Center for Research on Earthquake Engineering

圖 10-5　台灣地震損失評估系統台北地震境況模擬結果(二)

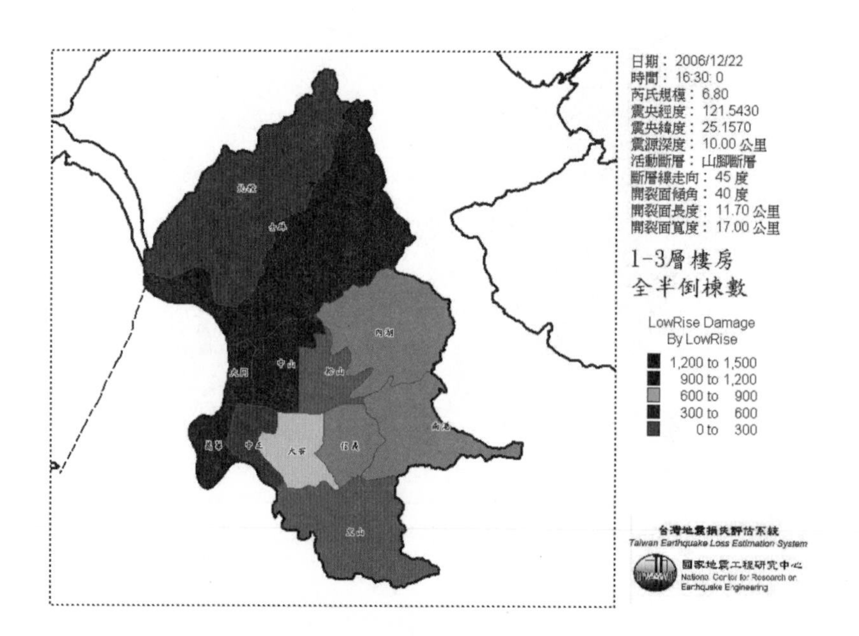
日期：2006/12/22
時間：16:30: 0
芮氏規模：6.80
震央經度：121.5430
震央緯度：25.1570
震源深度：10.00 公里
活動斷層：山腳斷層
斷層線走向：45 度
開裂面傾角：40 度
開裂面長度：11.70 公里
開裂面寬度：17.00 公里
1-3層樓房
全半倒棟數
LowRise Damage
By LowRise
1,200 to 1,500
900 to 1,200
600 to 900
300 to 600
0 to 300
台灣地震損失評估系統
Taiwan Earthquake Loss Estimation System
國家地震工程研究中心
National Center for Research on Earthquake Engineering

圖 10-6　台灣地震損失評估系統台北地震境況模擬結果(三)

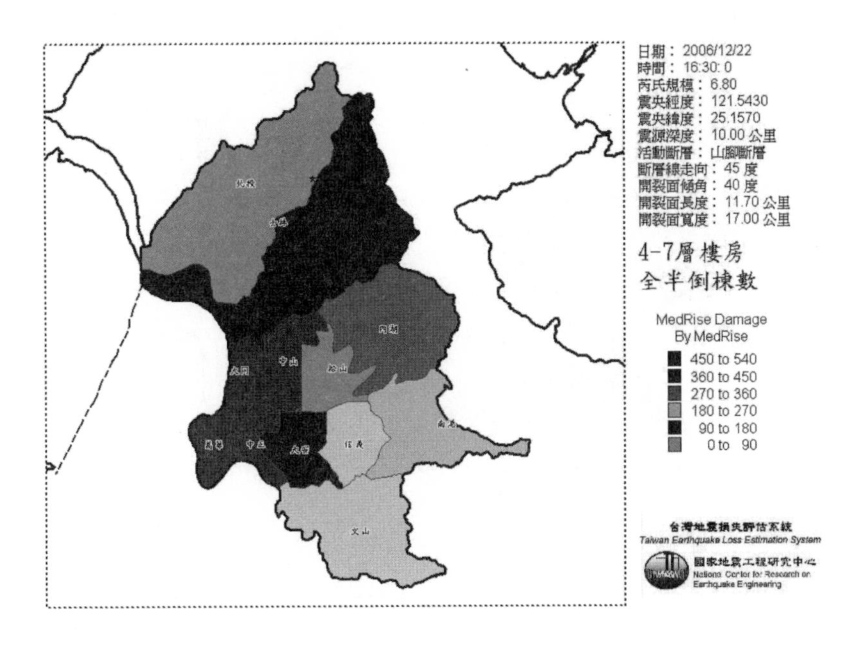

圖 10-7　台灣地震損失評估系統台北地震境況模擬結果(四)

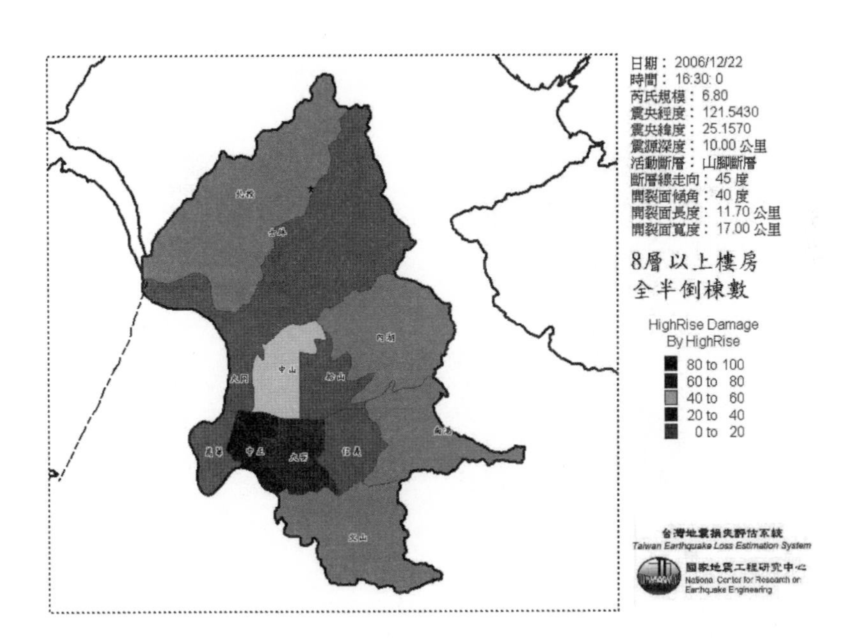

圖 10-8　台灣地震損失評估系統台北地震境況模擬結果(五)

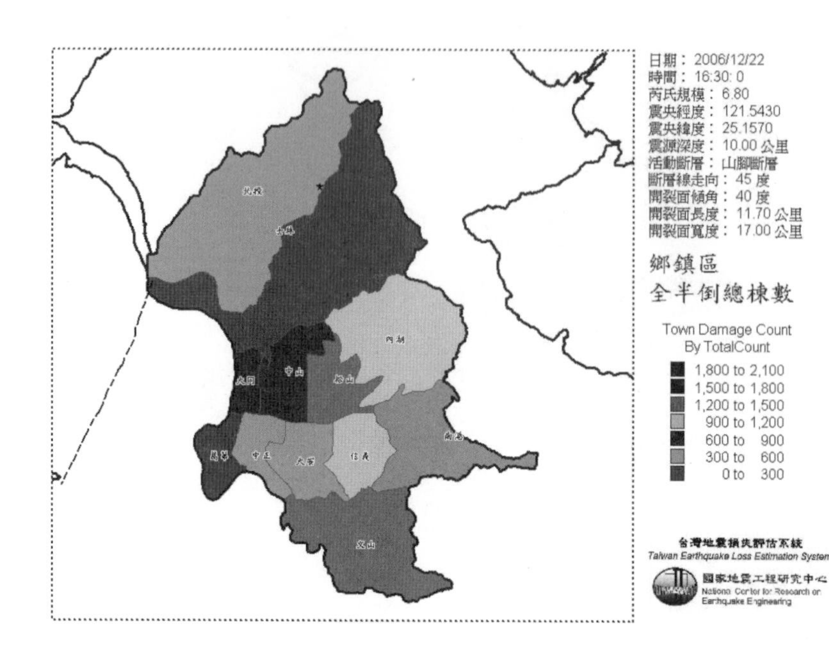

圖 10-9　台灣地震損失評估系統台北地震境況模擬結果(六)

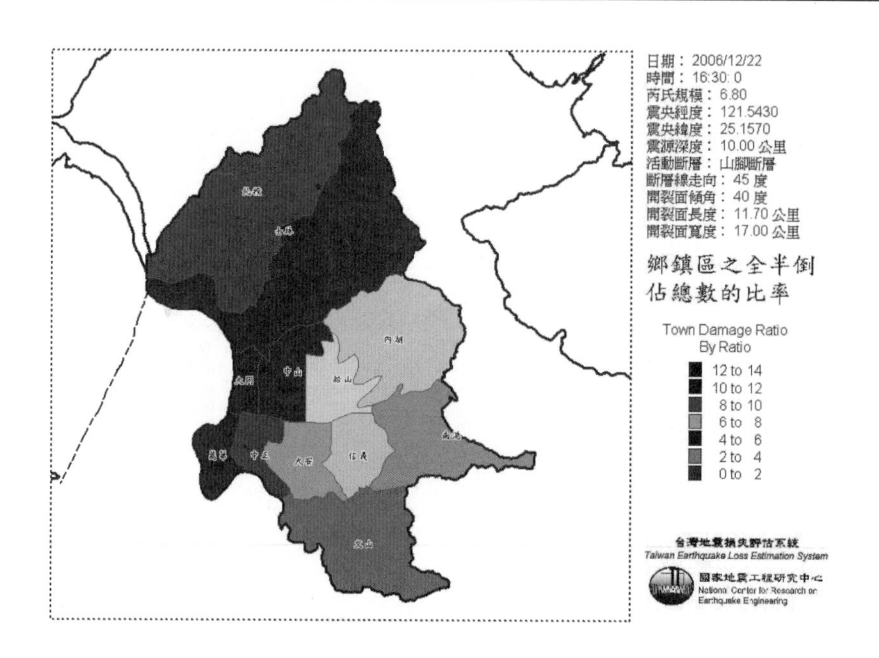

圖 10-10　台灣地震損失評估系統台北地震境況模擬結果(七)

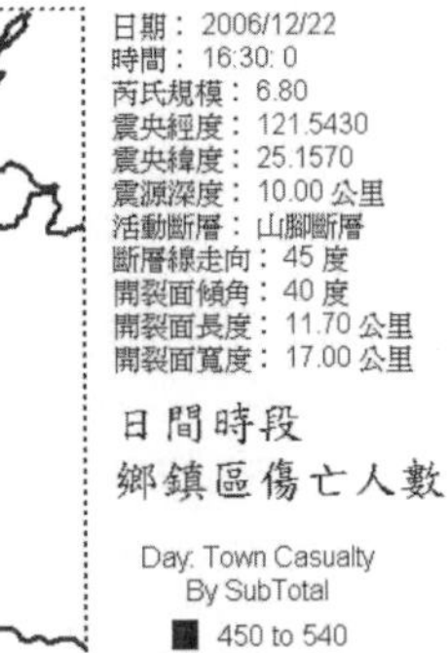

圖 10-11　台灣地震損失評估系統台北地震境況模擬結果(八)

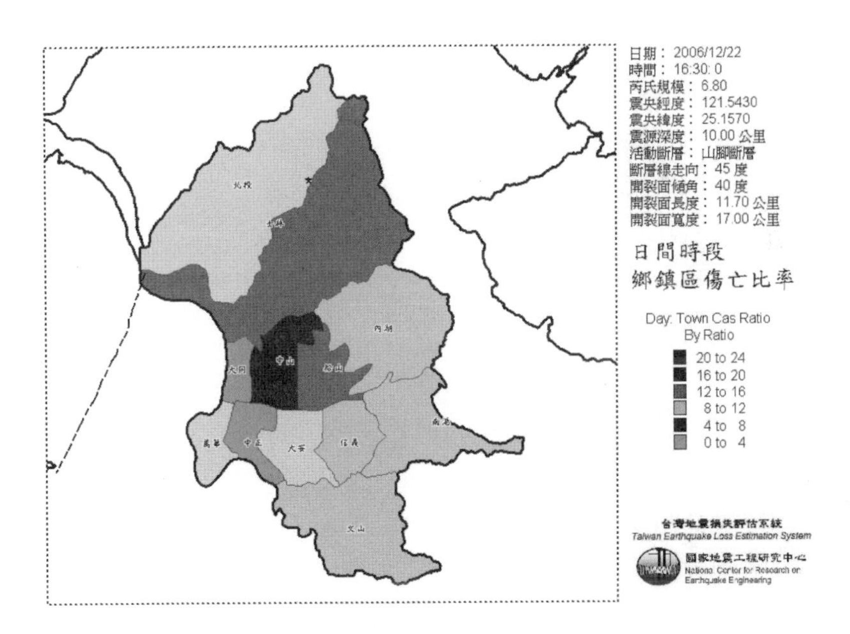

圖 10-12　台灣地震損失評估系統台北地震境況模擬結果(九)

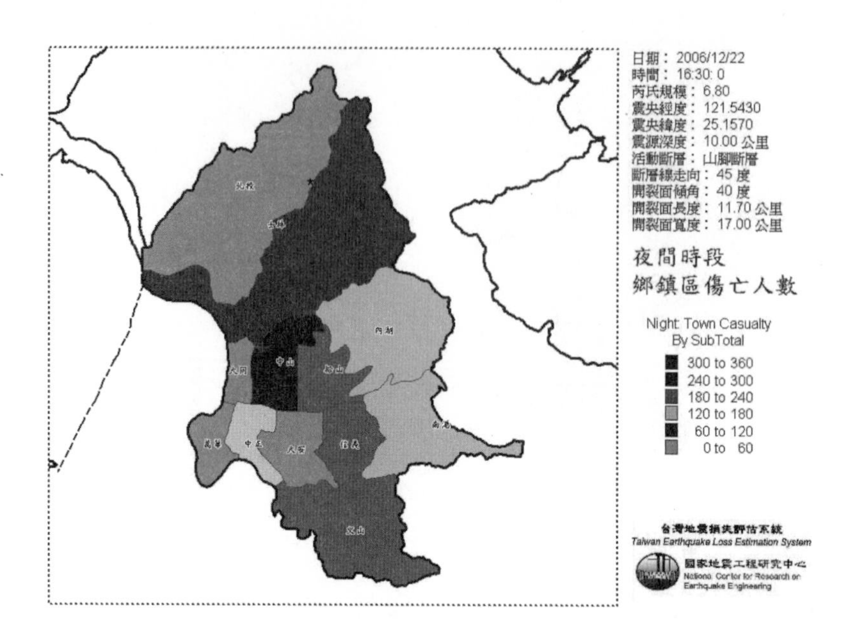

圖 10-13　台灣地震損失評估系統台北地震境況模擬結果(十)

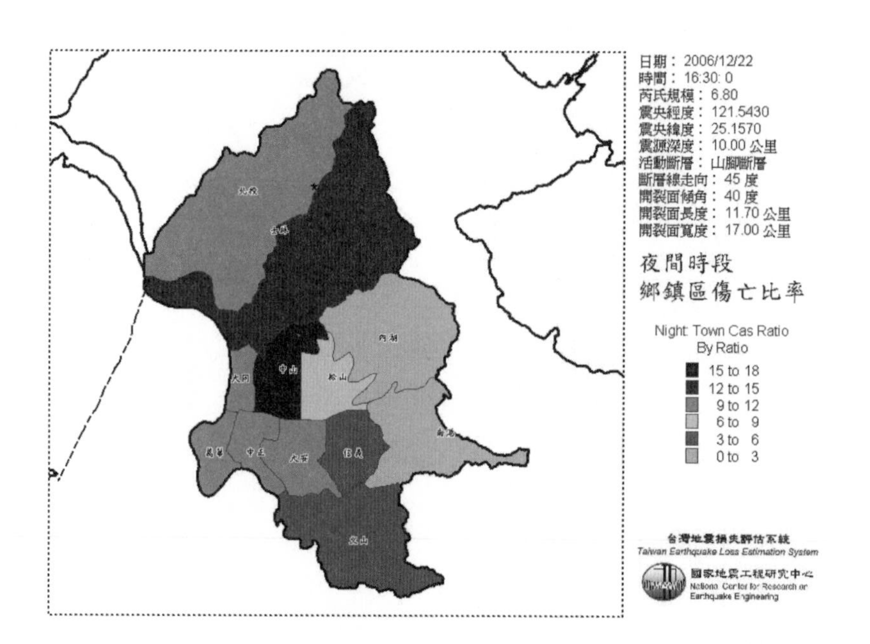

圖 10-14　台灣地震損失評估系統台北地震境況模擬結果(十一)

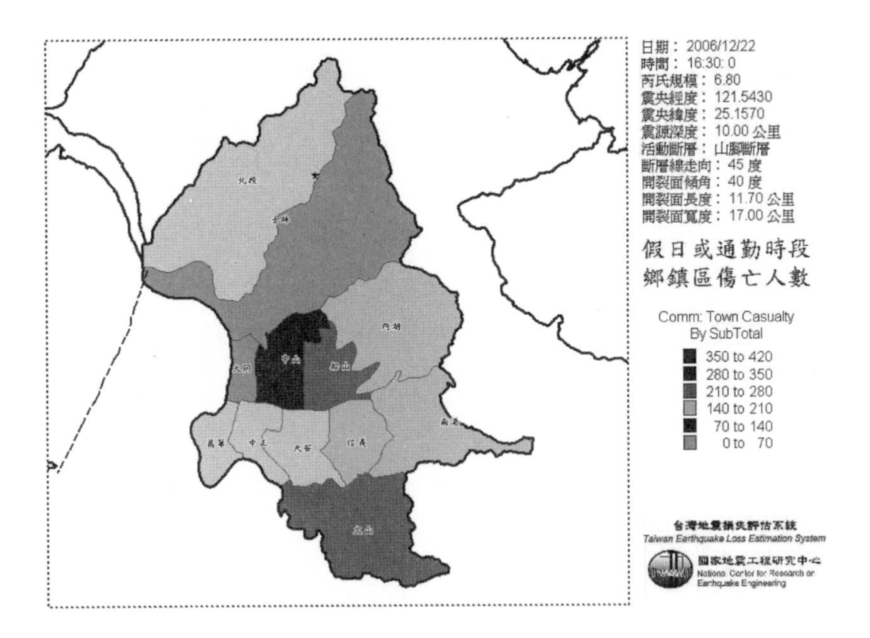

圖 10-15　台灣地震損失評估系統台北地震境況模擬結果(十二)

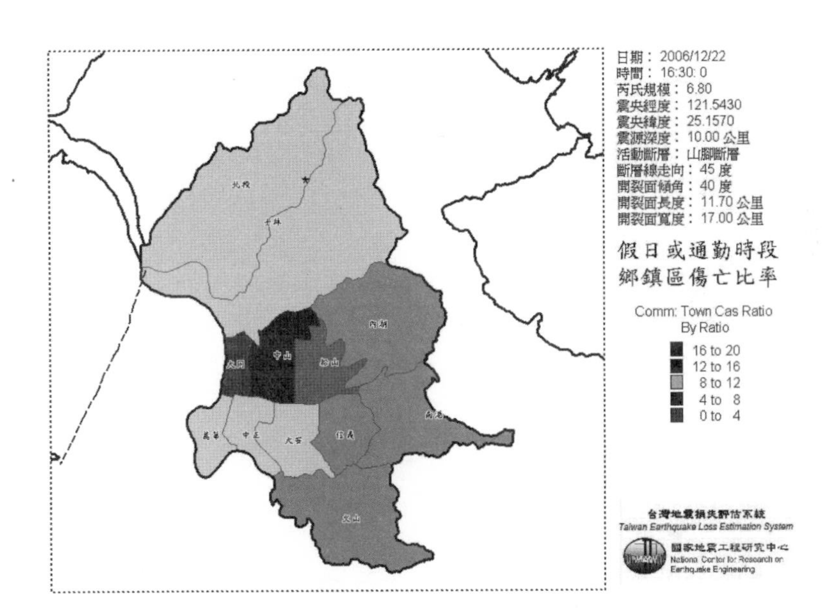

圖 10-16　台灣地震損失評估系統台北地震境況模擬結果(十三)

2006 年台灣地區地震趨勢分析

2002年是台灣地區百年來第六個地震活躍期的結束期(閉幕)。2002年十月起台灣地區即進入百年來的第六個平靜期，會持續到 2016 年左右共 14 年之久；15 年中規模 7.0 以上強震可能發生一次，N-t圖的年平均七級強震頻度則降爲平靜期的水平 0.06 次／年。

2006 年台灣地區地震活動性爲平靜期。地震活動潛勢東部地震區仍高於西部地震區。島內各地震帶全年都不會產生七級的強震。東部地震區以花蓮 E2、縱谷 E3 與綠島蘭嶼 E4 地震帶的地震活動潛勢較高，將是 2006 年的地震活動潛勢最高的三個地震帶。西部地震區地震活動水平應與2005年相近，其中以中西部W2與高屏W4地震帶有可能會提高地震活動潛勢。

2006年台灣地區地震活動性最高的地區一爲E3地震帶的南緣，一爲E2地震帶的北緣，另一則爲蘭嶼島的東南側海域。2006年最大地震規模爲六級左右。

一、前言

本文以北緯21°～26°，東經119°～123°，依據板塊運動與地體構造，將台灣地區分成東西兩個地震區；各地震區再細分E1～E4、W1～W4等共八個地震帶。根據(一)強震幕式分析(二)地震活動性水平分析(三)地震頻次與缺震異常分析和(四)空區與條帶分析等四個步驟，以台灣地區2005年1月1日至12月31日規模3.0以上的中央氣象局之有感與無感地震定位資料爲基礎，分析2006年台灣地區規模5.0以上的中強地震潛勢，並預測2006年最大規模的地震可能發生於那個地震帶內。

二、2005年地震活動現況檢驗「2005年地震趨勢分析」一文

2005年台灣地區東西兩個地震區八個地震帶，不同震級的地震頻次與最大規模地震分布如表11-1所示。

年度最大規模地震M7.02發生在東北部外海的E1地震帶，震源深度達到近191公里，是一個孤立型的地震。不過，因爲該地震不在分析範圍內，故不列入七級強震幕式分析的資料中。2005年規模最大的地震(在分析範圍中)，即爲506宜蘭外海E1地震帶的M6.0和906花蓮外海E2地震帶的M6.0。506的地震爲一孤立型的地震，906的地震則爲一主震型序列，最大餘震爲914的M3.9，ΔM爲2.1。地震序列在21天後結束於927的M3.7。年度最深的地震0407的M4.2，震源深度爲288.5公里。W1地震帶年度最大地震爲1005 M4.8，亦爲一孤立型地震，且是近年來W1規模較大的一次地震。W4地震帶的頻次有大幅度的升高，由2004年的5次升高到2005年的28次。最大規模爲504的M4.9，爲一主震型序列，最大餘震爲507的M3.3，ΔM爲1.6。地震序列在26天後結束於530的M3.0。

表 11-1　2005 年台灣地區地震頻次表

規模 \ 頻次 \ 地震帶	E1	E2	E3	E4	W1	W2	W3	W4	合計
M6.0 以上	(Max=7.02) 2	(Max=6.0) 1	0	0	0	0	0	0	3
M5.0～M5.9	12	5	(Max=5.62) 8	(Max=5.46) 1	0	0	0	0	26
M4.0～M4.9	87	33	68	15	(Max=4.84) 1	(Max=4.38) 2	(Max=4.63) 4	(Max=4.93) 28	238
M3.0～M3.9	610	112	394	136	16	41	39	139	1,487
合計	711	151	470	152	17	43	43	167	1,754

2005年台灣地區M≧5.0的28筆地震，其分布如下圖所示。

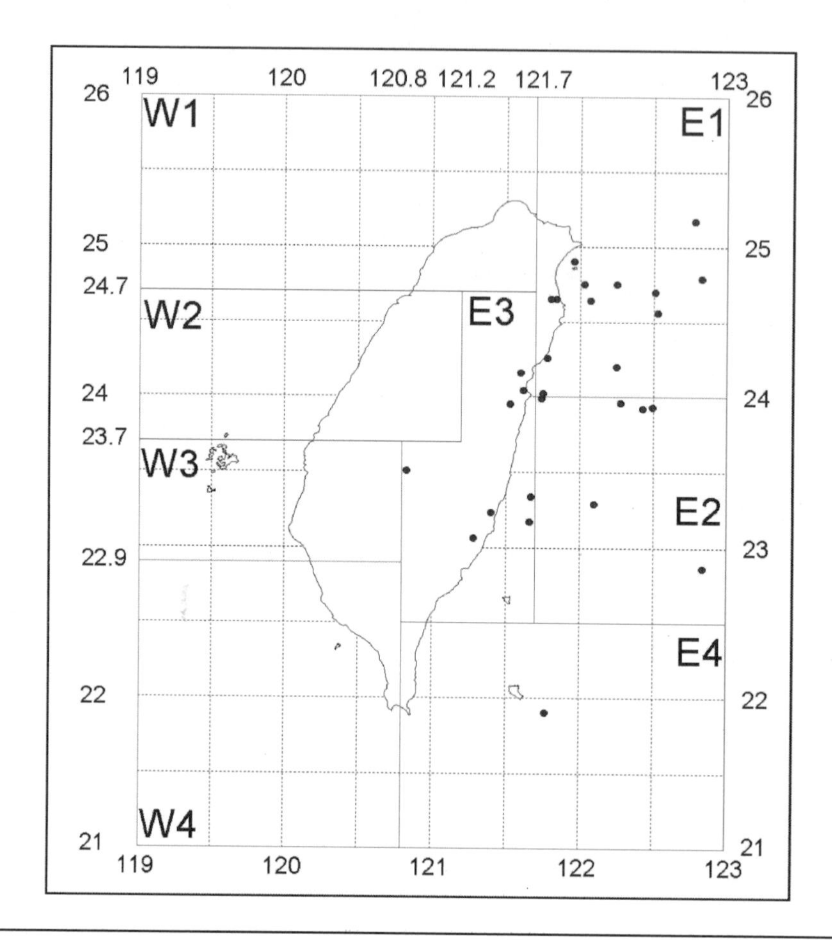

圖11-1　2005年台灣地區M≧5.0地震分布圖

三、**2006**年地震趨勢分析

地震趨勢分析是以1.**強震幕式分析**與2.**地震活動性水平分析**等兩步驟來確定未來一年台灣地區是地震活躍期亦或是平靜期。第二步則以3.**地震頻次與缺震異常分析**來確定東、西地震區的基本活動性水平以及各地震帶的地震活動潛勢。第三步以4.**空區及條帶分析**針對高地震活動潛勢地震帶分析其孕震區，以確定未來此地震帶最大地震將會發生的可能位置以及可能規模。

1. 強震幕式分析

根據綜合判據檢驗和2005年的實際地震結果，表11-2的強震幕式分析結果，可供2006年地震趨勢分析的第一個重要參考。

表 11-2 台灣地區七級強震幕式分析表

(鄭魁香，2005)

地震活躍期		強震幕式	台灣地區年份(規模)	地震活躍期	強震幕式	大陸及鄰區年份(震級)
一	1900-1910	開幕	1900 (7.0)	1897-1912	中間峰值	1902 (8.3)
		中間峰值	1906 (7.0) 1908 (7.3) 1909 (7.3) 1909 (7.3)			
		閉幕	1910 (7.8) 1910 (7.0) 1910 (7.0) 1910 (7.1)		閉幕	1911 (8.4) 1912 (8.0)
二	1917-1922	開幕	1917 (7.7) 1917 (7.2)	1920-1937	開幕	1920 (8.0)
		中間峰值	1919 (7.0) 1920 (8.2)			
		閉幕	1922 (7.6) 1922 (7.2)		中間峰值	1934 (8.3)
三	1935-1938	開幕	1935 (7.1) 1935 (7.2)			
		中間峰值	1936 (7.3) 1937 (7.0)		閉幕	1937 (7.5)
		閉幕	1938 (7.0) 1938 (7.0)			

表 11-2　台灣地區七級強震幕式分析表(續)
(鄭魁香，2005)

地震活躍期		強震幕式	台灣地區 年份(規模)	地震活躍期	強震幕式	大陸及鄰區年份(震級)
四	1947-1959	開幕	1947 (7.2)	1946(1947)-1959(1955)	開幕	1947 (7.7)
		中間峰值	1951 (7.3) 1951 (7.1) 1951 (7.1) 1951 (7.3) 1957 (7.1)		中間峰值	1950 (8.6) 1951 (8.0)
		閉幕	1959 (7.5) 1959 (7.1)		閉幕	1955 (7.5) 1959 (8.3)
五	1963-1972	開幕	1963 (7.4)	1965(1966)-1976	開幕	1965 (7.6) 1966 (7.2)
		中間峰值	1966 (7.8) 1968 (7.1)		中間峰值	1970 (7.0) 1973 (7.7)
		閉幕	1972 (7.5)		閉幕	1976 (7.0)
六	1996-2002	開幕	1996 (7.1)	1988-2001	開幕	1988 (7.6) 1990 (7.0) 1991 (7.6) 1992 (7.5)
		中間峰值	1999 (7.3)		中間峰值	1994 (7.3) 1997 (7.5)
		閉幕	20020331(6.8) 20020916(6.8)		閉幕	2001 (8.1)

2. 地震活動性水平分析

依據表 11-3，2000 年至 2005 年地震活動性分析表來看，2002 年已結束了活躍期，2003 年的地震活動性水平亦已逐漸回復到年平均頻次的水平，因此 2006 年爲平靜期應屬確定的。

表 11-3　2000至2005年地震活動性分析表

規模＼頻次	年平均	2000年	2001年	2002年	2003年	2004年	2005年
M6.0以上	2～3 (33年統計)	3	4	6	2	4	3
M5.0～M5.9	11～27 (33年統計)	34	14	30	24	15	26
M4.0～M4.9	228	285	225	244	220	176	238
M3.0～M3.9	1502	2,020	1,629	1,984	1,556	1,405	1,487
合計	1760	2,342	1,872	2,264	1,802	1,600	1,754

3.　地震頻次與缺震異常分析

(1)　地震頻次異常分析

我們將台灣地區各地震帶規模4.0以上的平均年頻次比值與2000年至2005年的年頻次比值對照如表11-4所示。

表 11-4　台灣地區各地震帶2000年至2005年平均年頻次比值對照表

年頻次比＼地震帶	E : W	E1 : E2 : E3 : E4	W1 : W2 : W3 : W4
平均年頻次	6.91 : 1	1.9 : 2.6 : 3.4 : 1	1 : 3.9 : 3.7 : 2.6
2000年	1.56 : 1	1.2 : 1.72 : 5.1 : 1	1 : 16.4 : 6.4 : 1.6
2001年	2.83 : 1	1.13 : 1.8 : 4.9 : 1	0 : 2.88 : 2 : 1
2002年	6.56 : 1	19.3 : 1 : 7.1 : 1	1 : 7 : 10 : 1.5
2003年	6.06 : 1	7.6 : 0.8 : 10 : 1	0 : 2.25 : 4.75 : 1
2004年	8.26 : 1	2.75 : 1.8 : 3.15 : 1	0 : 1 : 2.2 : 1
2005年	6.63 : 1	6.3 : 2.45 : 4.75 : 1	1 : 2 : 4 : 28

2006年E：W頻次比將維持在平均年頻次比。東部E1地震帶在2002年達到歷史新高後，2005年亦爲一頻次高點，2006年將下降，但仍會在平均年頻次以上。E2地震帶2004年頻次開始升高，2005年繼續升高，2006年活動潛勢仍高，將會持續上升。E3地震帶2006年的頻次將會降到平均年頻次左右。E4地震帶仍維持在年平均水平左右。

西部地震區2006年應與2005年近似，維持在年平均水平左右。W3的活動性與W2相近，W4地震帶的活動性應會下降，但仍遠高於平均年頻次。W1的活動性2006年仍維持2004年與2005年的水平。

2004年與2005年各地震帶的頻次表則如表11-5所示。

由上表2005年地震活動性來看，規模5.0以上的地震集中在E1與E3地震帶。規模4.0以上的地震，亦主要集中在E1和E3地震帶。顯然，從各地震帶活動性的比率來看，除了西部W1地震帶仍然平靜外，2005年基本上是正常的，西部地震區仍然持續偏低。

(2) 缺震異常分析

我們分析上述頻次變化較異常的E2、E4與W1、W2、W4的缺震情形，可得到表六的結果。

缺震異常分析結果顯示：東部E2與E4地震帶均屬缺震，均須以2006年的地震活動性補回。西部地震區的W1與W4地震帶仍屬缺震情形，但W2較爲嚴重。

綜合上述頻次與缺震異常分析，E2、E4和W2在2006年的地震活動潛勢相對於2005年均可能會增高，但2006年年度最大規模地震應會發生在E2地震帶或E3地震帶。

表 11-5　2004 年與 2005 年各地震帶頻次統計表

規模＼頻次＼地震帶	E1	E2	E3	E4	W1	W2	W3	W4	合計
M6.0 以上	2/2	1/1	1/0	0/0	0/0	0/0	0/0	0/0	4/3
M5.0～M5.9	4/12	6/5	3/8	2/1	0/0	0/0	0/0	0/0	15/26
M4.0～M4.9	49/87	29/33	59/68	18/15	0/1	5/2	11/4	5/28	176/238
M3.0～M3.9	482/610	132/112	465/394	131/136	16/16	61/41	52/39	66/139	1,405/1,487
合計	537/711	168/151	528/470	151/152	16/17	66/43	63/43	71/167	1,600/1,754

註：上方數字表 2004 年頻次／下方數字表 2005 年頻次。

表 11-6　缺震異常分析表

最大地震規模	2001 年	2002 年	2003 年	2004 年	2005 年	結論
$E2_{max}=7.0$	$E2_{2001}=6.3$	$E2_{2002}=6.0$	$E2_{2003}=5.3$	$E2_{2004}=6.5$	$E2_{2005}=6.0$	缺震
$E4_{max}=7.4$	$E4_{2001}=4.9$	$E4_{2002}=6.0$	$E4_{2003}=5.3$	$E4_{2004}=5.5$	$E4_{2005}=5.4$	缺震
$W1_{max}=5.3$	$W1_{2001}=3.9$	$W1_{2002}=4.6$	$W1_{2003}=0.0$	$W1_{2004}=3.7$	$W1_{2005}=4.8$	仍屬缺震
$W2_{max}=7.3$	$W2_{2001}=5.8$	$W2_{2002}=5.5$	$W2_{2003}=5.0$	$W2_{2004}=4.9$	$W2_{2005}=4.3$	缺震
$W4_{max}=5.8$	$W4_{2001}=4.8$	$W4_{2002}=5.4$	$W4_{2003}=5.4$	$W4_{2004}=4.9$	$W4_{2005}=4.9$	仍屬缺震

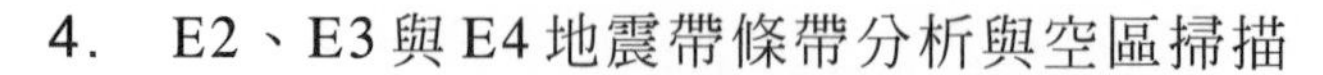

4. E2、E3與E4地震帶條帶分析與空區掃描

E2、E3與E4空區掃描，均各出現一個M4.0以上的第二類空區[6]如圖 11-2～圖 11-4 所示。未來分別有可能發生規模 6.0 左右的地震各在此空區的外緣處，特別是與條帶交會處附近。

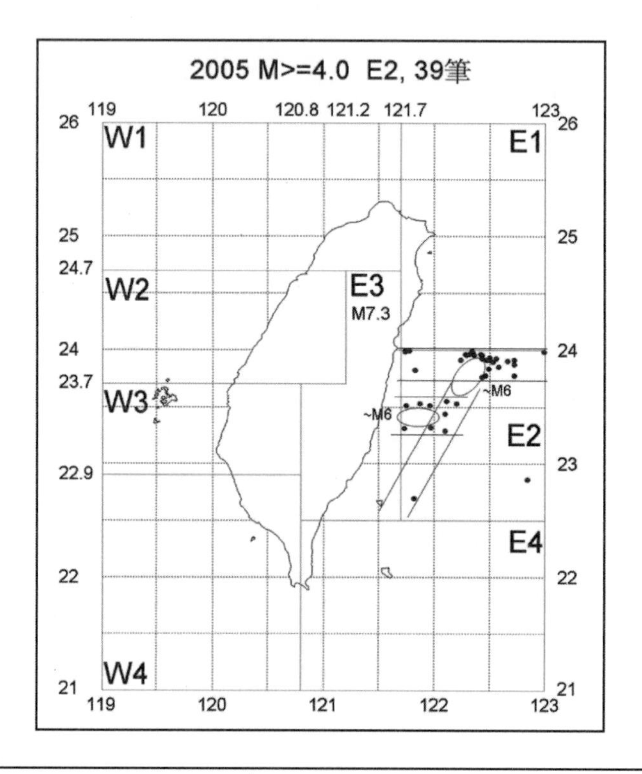

圖 11-2　E2 地震帶 M4.0 空區與條帶圖

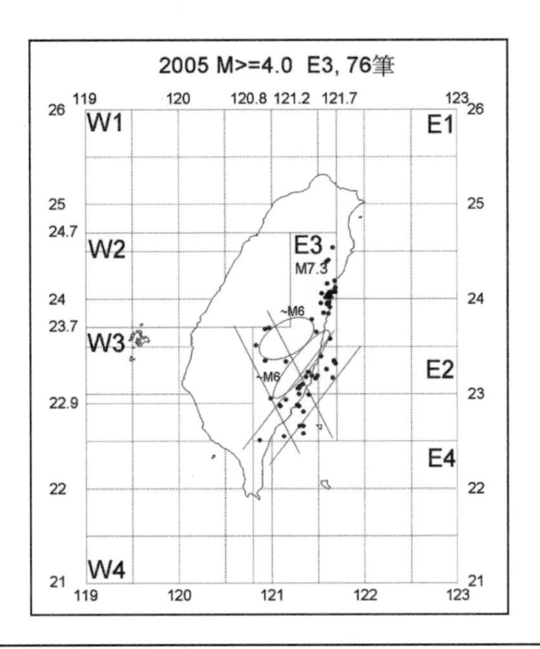

圖 11-3　E3 地震帶 M4.0 空區與條帶圖

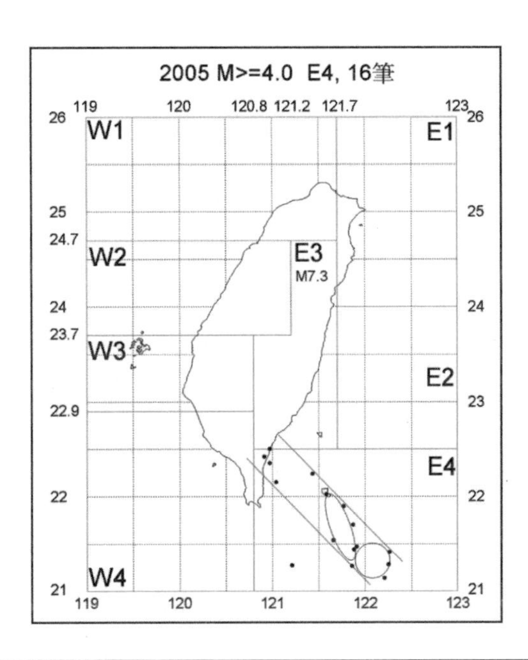

圖 11-4　E4 地震帶 M4.0 空區與條帶圖

四、結論

2002 年十月起台灣地區進入百年以來的第六個平靜期，此平靜期將持續 14 年左右(2003～2016 年)。平靜期中，地震頻次與規模均會降低至年平均值水平以下。

2006 年台灣地區的地震活動性西部比東部爲低，台灣地區全年都不會發生七級的強震，最大規模的地震爲六級左右，將會發生在 E3 地震帶的南緣與E2 地震帶的北緣，和E4 地震帶蘭嶼島的東南側海域附近。

西部地震區地震活動水平與2005 年相近，嘉南W3 地震帶的活動性仍與中西部 W2 地震帶相近，W4 地震帶的活動性仍會高於年平均值。東部地震區以E2 與E4 地震帶活動潛勢較大，與E3 地震帶將是2006 年地震活動潛勢最高的三個地震帶，最大規模爲六級左右的地震(E2、E3 與 E4)，因距陸地有一段距離，不會對台灣本島構成任何生命與財產的威脅。

五、誌謝

本文分析所用地震目錄均取自中央氣象局，特表謝意。

六、附錄

表 11-7　2006 年中央氣象局網站 M≧5.0 地震定位資料

No.	cwb_no	taip_date	taip_time	latitude	longitude	depth	magnitude
1	95024	950401	18:02:19.5	22.88	121.08	7.2	6.2
2	95034	950405	03:30:07.0	24.49	122.76	99.5	5.8
3	95038	950416	06:40:55.4	22.86	121.30	17.9	6.0
4	95065	950728	15:40:10.4	23.97	122.66	28.0	6.0
5	95090	951012	22:46:29.3	23.96	122.65	25.3	5.8

資料來源：中央氣象局

七、參考文獻

1. 鄭魁香(2004)，"2003年台灣地區地震趨勢分析"，亞太工程科技學報，第2卷，第1期，第89-99頁。
2. 鄭魁香(2003)，"地震趨勢分析法在台灣地區的應用"，地震研究，第26卷，第2期，第112-119頁。
3. 鄭魁香(2002)，"2002年台灣地區地震趨勢分析"，2002年台灣地區地震趨勢分析論壇論文集，第56-69頁。
4. 鄭魁香、趙汝仁(2002)，"基於集集強震群序列地震特徵的地震追蹤預測"，地學前緣，第9卷，第2期，第493-498頁。
5. 鄭魁香、趙汝仁(2001)，"2001年台灣地區地震趨勢分析"，2001年台灣地區地震趨勢分析論壇論文集，第41-52頁。
6. 鄭魁香(2001)，"由台灣地區地震活動性的空區特性評估2001年的強勢活動"，2001年台灣地區地震趨勢分析論壇論文集，第37-40頁。
7. 鄭魁香、吳宜澤(2001)，"台灣地區的地震類型研究"(尚未發表)。
8. 鄭魁香、趙汝仁(2001)，"2002年有關地震強震幕式分析的灰預測"，2001年灰色系統理論與應用學術研討會論文集，第B8～B11頁。
9. 中國地震局分析預報中心(1999)，"2000年度中國地震趨勢預測研究"，地震出版社，第11-12頁，第242-243頁。
10. 吳開統等(1990)，"地震序列概論"，北京大學出版社(北京)，第97-118頁。

地震前兆觀測

地震前兆觀測是達到臨震(幾天範圍)地震預測的最重要途徑。本章預計以較多的圖表、較少的文字來呈現高苑科大土木系「地震與震害預測研究室」，依據「圈層耦合」的觀念，針對嘉南地震帶所建置的地震前兆觀測系統和一些觀測的結果。希望有別於前面各章比較文字化的呈現手法。

地震前兆的觀測方法有四、五十種之多，仍然以日、中、美、蘇、希等國最富盛名。我們以日本長尾年恭教授(Toshiyasu Nagao)的觀點，將地震前兆分成四大類，如圖 12-1 所示。

圖 12-1 地圈的變化包含有地下水位法(成功大學防災中心亦用此法)、水溫、氡濃度等不同的地球物理或地球化學的方法。

圖 12-1 電磁波的變化則是近年來最爲熱門的主力地震前兆觀測方法。日本以上田誠也(Seiya Uyeda)的團隊爲主。國內則以中央大學太空所劉正彥教授的團隊(電離層卓越計畫的總主持人)爲最。

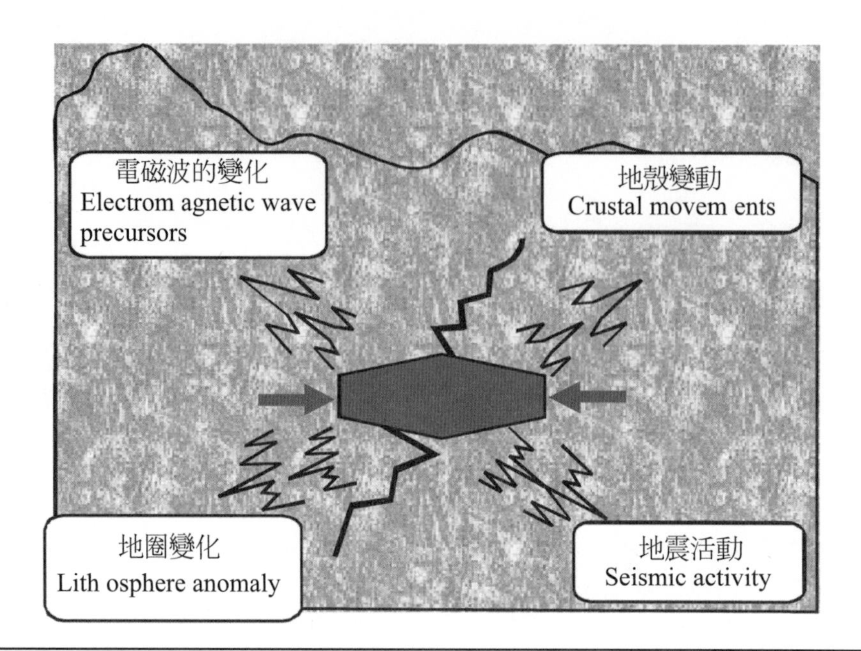

圖 12-1　地震前兆分類圖(圖片來源：參考文獻 14)

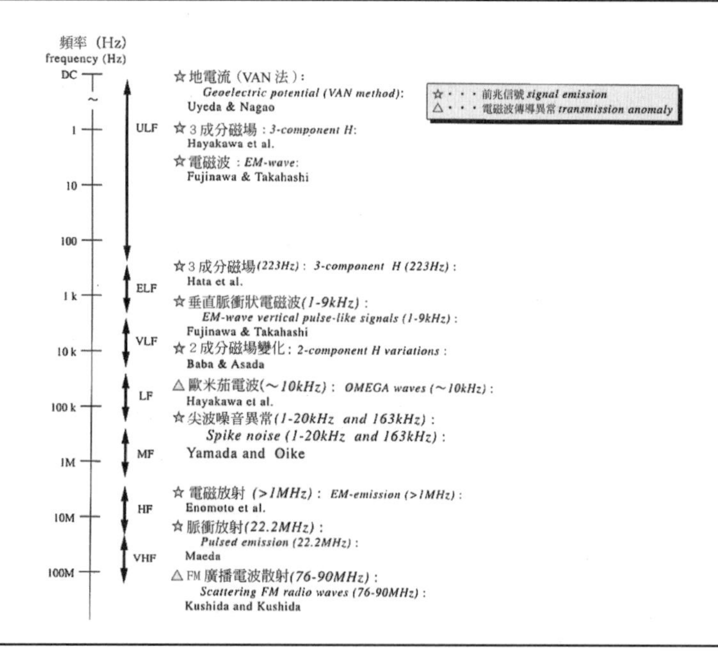

圖 12-2　電磁波不同頻帶一覽(圖片來源：地震國際,研究IFREQ,理化學研究所 RIKEN)

圖 12-1 地殼變動包含有 GPS 的量測法，國內已建有 150 個地殼變形觀測站，進行地殼變動的前兆研究。

電磁前兆分類與 VLF、VHF 傳導異常(Transmission anomaly)和各頻帶的放射異常(Signal emission anomaly)則請參考圖 12-3。

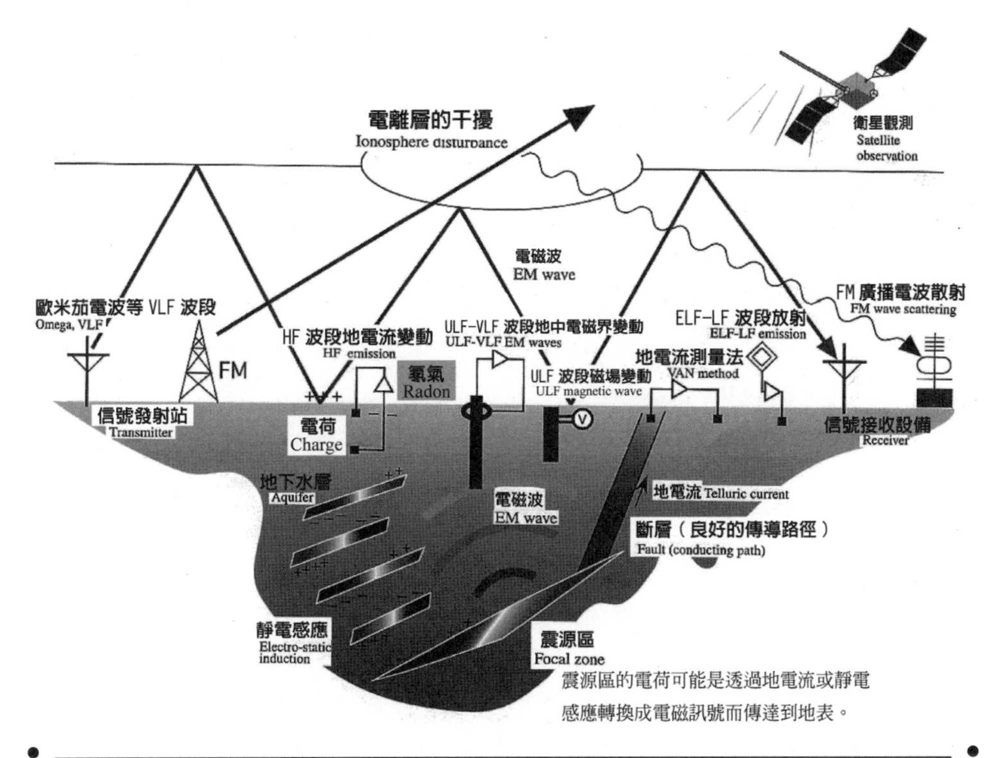

圖 12-3　電磁前兆分類與 VLF、VHF 傳導異常示意圖(圖片來源：參考文獻 14)

我們曉得地球本身和外部大氣圈、電離層等都是圈層結構(岩石圈、軟流圈等)。圈層耦合(LAI Coupling)的 L 係指 Lithosphere(岩石圈)，A 是指 Atmosphere(大氣層)，I 則指的是 Ionosphere(電離層)，意指當地圈內有一巨大能量孕育過程中(特別是靠近觸發前的臨界狀態)，地圈、大氣層與電離層會有不同方式地震前兆的耦合現象發生，其示意圖如下所示。

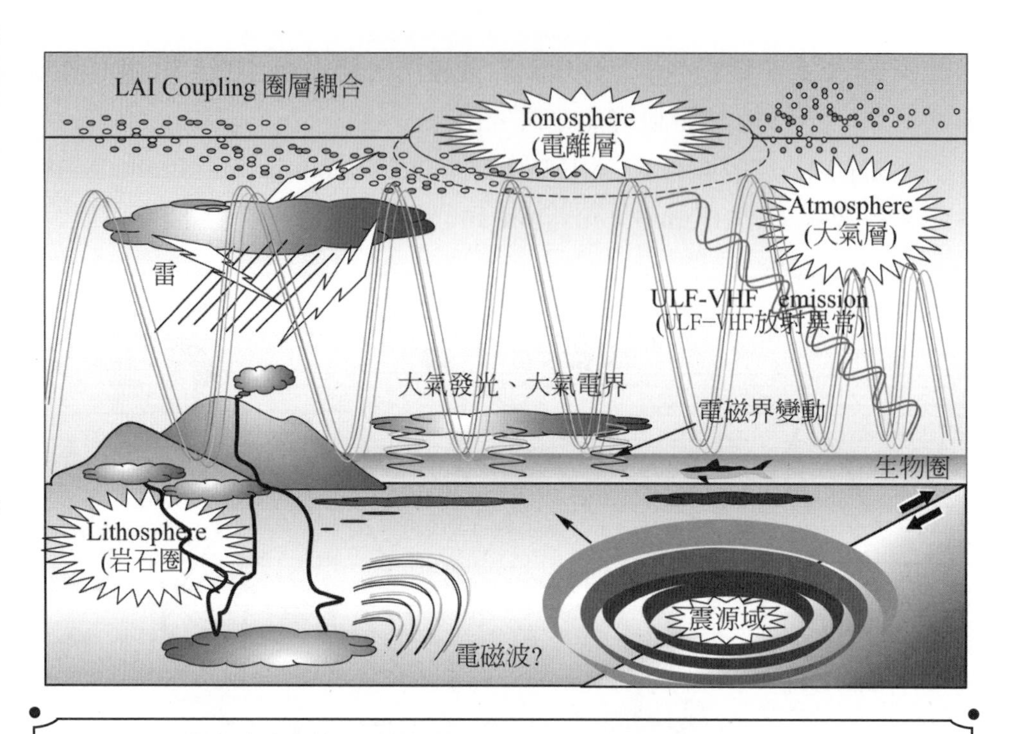

圖 12-4　圈層耦合地震前兆示意圖(圖片來源：參考文獻 14)

高苑團隊圈層耦合地震前兆觀測系統所選用的方法則如下表所示。

表 12-1　高苑科大 LAI 地震前兆觀測系統一覽表

LAI Coupling 圈層耦合	電離層 Ionosphere	VHF 傳導異常 地震前兆觀測系統	HM 5012 頻譜儀
	大氣層 Atmosphere	近地表衛星熱紅外增溫 異常地震前兆觀測系統	DH39232 系列 大氣物理探測系統
	岩石圈 Lithosphere	次聲波異常地震前兆觀測系統	MEMS 三分量加速度傳感器

中央氣象局地震測報中心在全球資訊網公布的 2005/01～2005/03，M≧5.0 的定位資料如下表所示。

上述地震目錄的震源深度分布與地震前兆觀測系統觀測結果則如下圖分別所示。

表 12-2　CWB 2005/01～2005/03 M≧5.0 地震目錄

No.	cwb_no	taip_date	taip_time	latitude	longitude	depth	mag	zoon
1	94003	2005/01/11	08:58:21.5	23.58	121.64	38.3	5.3	E3
2	94005	2005/01/15	13:02:32.0	24.66	122.48	104.4	5.1	E1
3	94006	2005/01/20	15:47:16.5	23.51	120.84	13.0	5.4	E3
4	94008	2005/01/21	22:28:21.7	24.55	122.49	84.2	6.0	E1
5	94010	2005/01/22	14:56:45.7	24.18	122.28	9.9	5.0	E1
6	94012	2005/01/27	20:31:34.6	24.22	121.76	44.3	5.1	E1
7	94014	2005/02/01	09:59:47.8	24.29	121.75	8.2	5.2	E1
8	94015	2005/02/01	12:56:39.0	24.52	121.73	74.9	5.3	E1
9	94019	2005/02/05	19:00:52.6	24.26	121.76	9.9	5.4	E1
10	94025	2005/02/19	04:18:17.9	23.31	121.72	9.4	5.9	E2
11	94034	2005/02/06	03:06:51.6	24.67	121.85	8.5	5.9	E1
12	94034A	2005/02/06	03:07:58.8	24.67	121.84	7.0	5.9	E1
13	94035	2005/02/06	03:16:25.3	24.67	121.78	12.9	5.0	E1

資料來源：中央氣象局

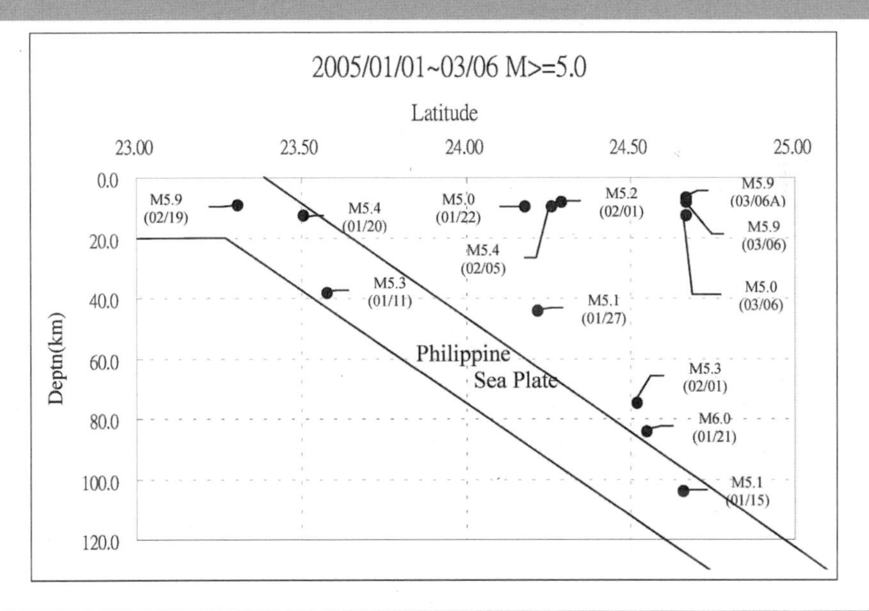

圖 12-5　2005/01～2005/03 M≧5.0 震源分佈與板塊關係示意圖

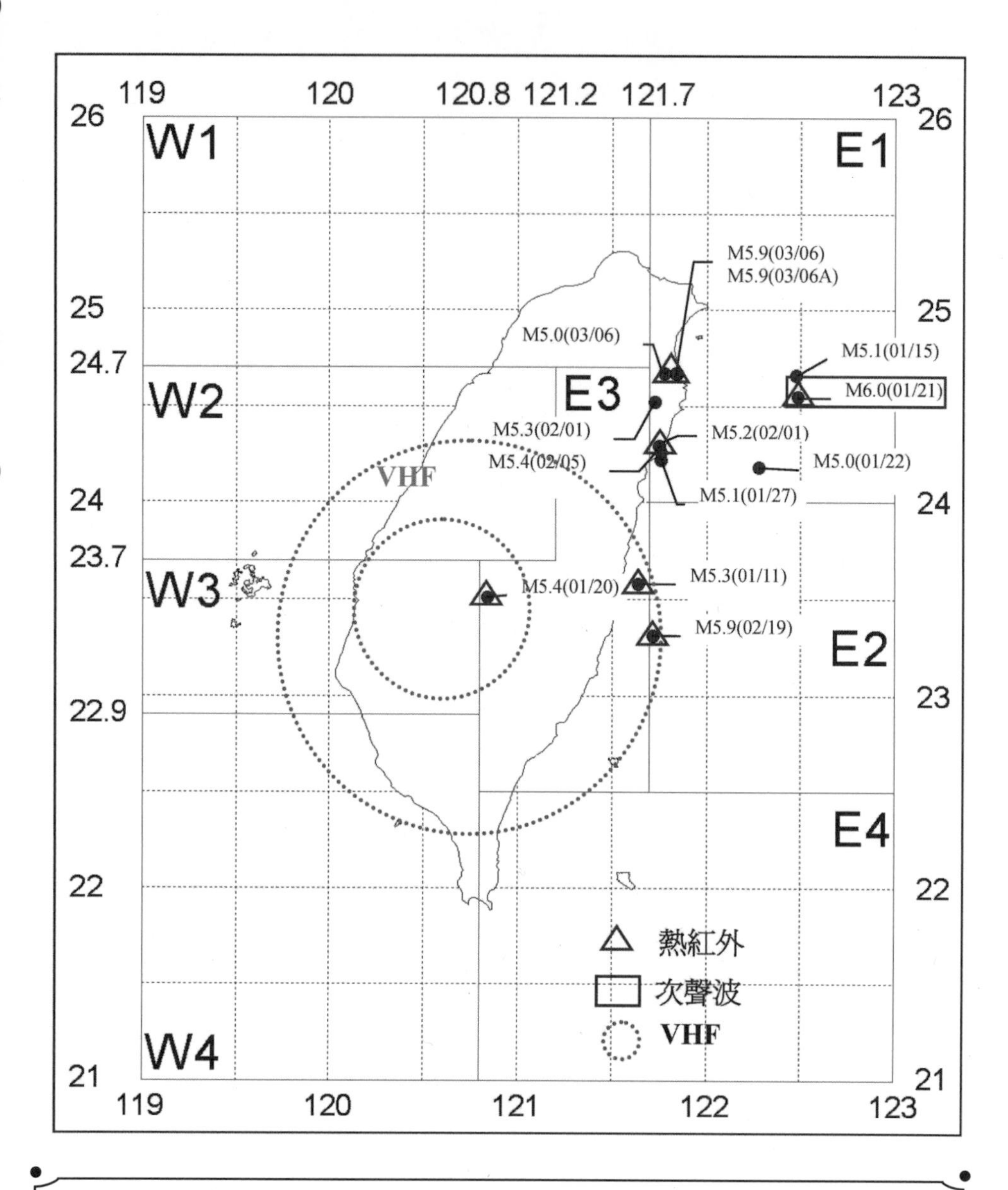

圖 12-6　2005/01～2005/03 M≧5.0 地震前兆觀測系統觀測結果示意圖

2005 年 1 月 21 日晚上 22 時 28 分在宜蘭外海曾發生規模 6.0 的中源深度(84.2km)地震，在三天前(0119)下午二點鐘，我們觀測到衛星熱紅外的增溫異常前兆，同次地震在 4 到 9 個小時前，我們也三次分別紀錄到次聲波的異常信號，如下圖 12-7、圖 12-8 所示。

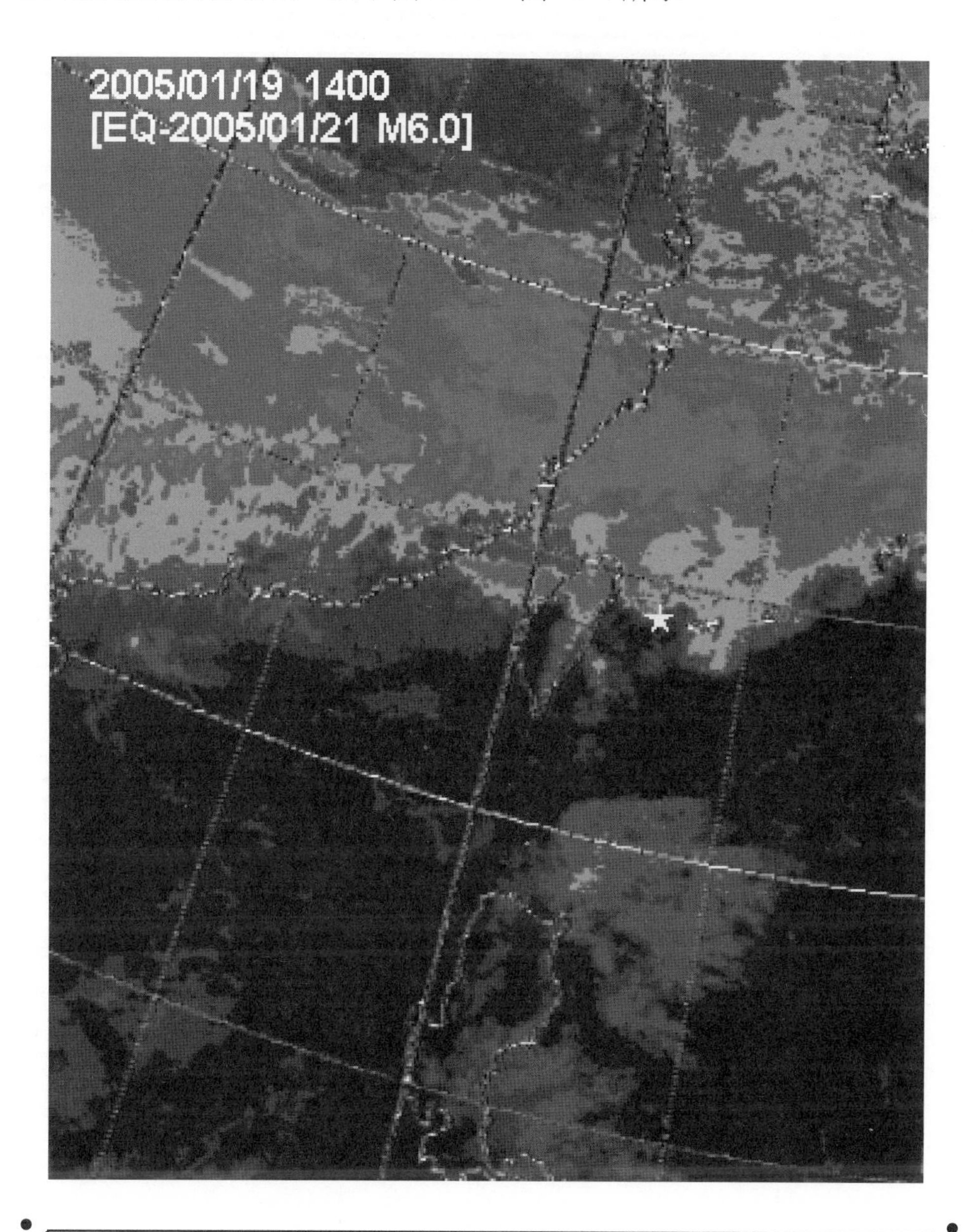

圖 12-7　0121 地震衛星熱紅外增溫異常前兆圖

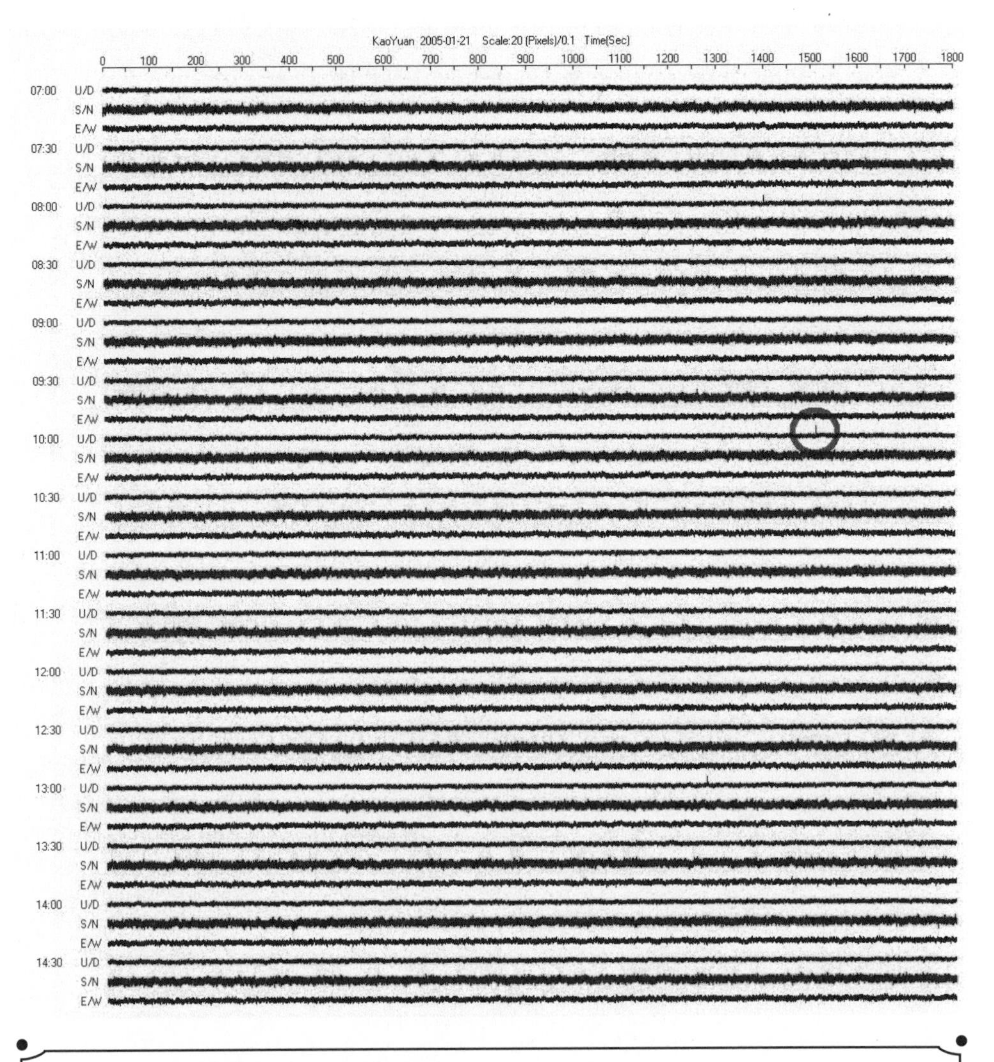

圖 12-8　0121 地震次聲波異常前兆圖

圖 12-9 則爲 0219 M5.9 3～4 天前，VHF 傳導異常前兆的示意圖，亦請參考。

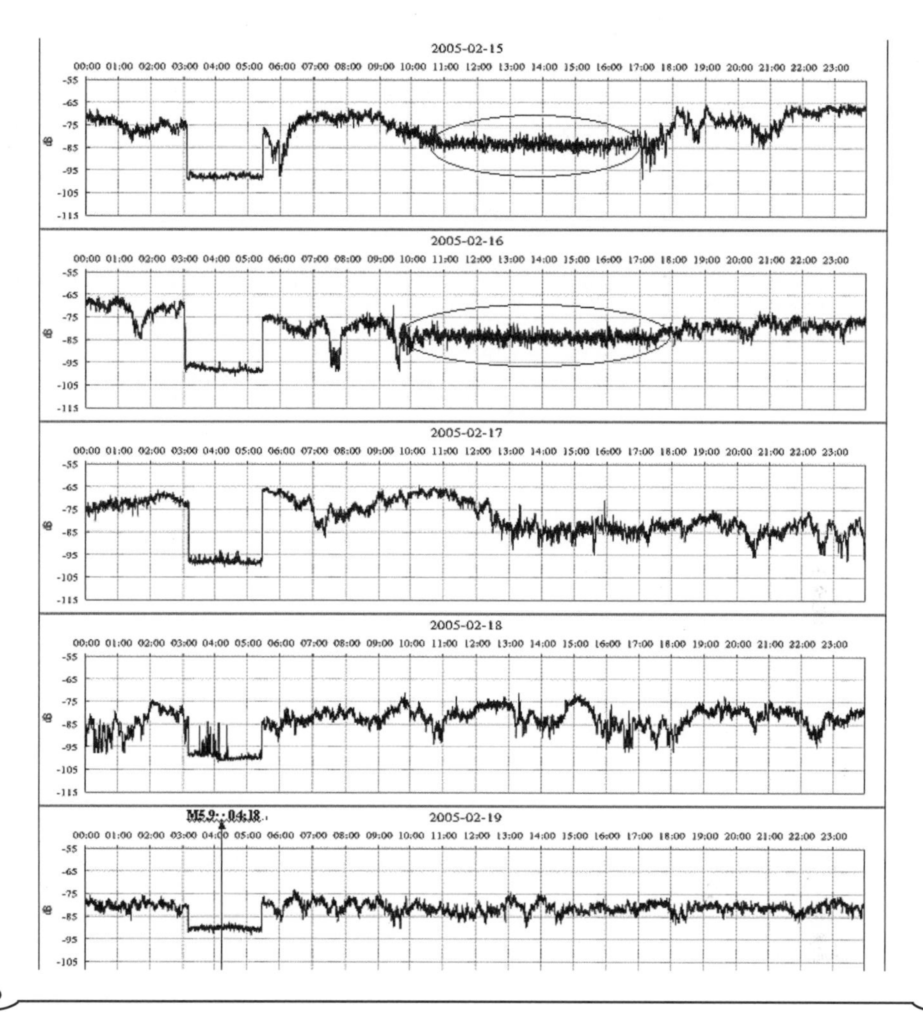

圖 12-9　0219 地震 VHF 傳導異常前兆圖

未來的嘉南大地震

地震前兆觀測是地震預測最有可能突破的一種方法。過去大地震曾紀錄到的具體前兆超過四十多種以上；中國大陸有所謂的八大手段，日本也有四大類的分法。地震前兆觀測目前多採用觀測儀器自動紀錄，接下來須進行前兆異常識別，確定不是環境變化的 noise，進而確認是地震的前兆異常，這是第一步，已經相當不容易了。第二步則仍須挑戰更艱難的地震預測的目標，這必須由異常前兆與未來地震的多次觀測對應關係中找出其中的規律，以便由此觀測經驗的規律性將地震前兆應用到地震預測上。當然這一步目前沒有任何前兆觀測手段能達到此一水準。聯合國教科文組織針對地震預測的規模、時間、震央位置與準確率訂有標準；因此，地震前兆觀測仍然要有實質的突破，地震預測方有前景可言。

本文主要以未來的嘉南大地震為目標地震，來檢視目前已被學者專家認為應屬警訊的可能前兆，作進一步的分析，來推估未來嘉南大地震的可能性。

民國 96 年 3 月 20～21 日第 2729 期基督教論壇報頭版標題「汪中和：暖化 嘉南恐大地震」一文中，有如下的內容節錄：

「全球暖化造成地下水熱膨脹，地殼活動越來越頻繁…科學家很擔心嘉南地區會發生比 921 更大的地震…中研院地球所研究員汪中和於 2007 年春季信望愛論壇中，發出警訊並呼籲該地區民眾家中隨時要準備救生包，內含兩、三天份量乾糧、飲用水與避難地圖。汪中和表示近年來氣候暖化加劇，嘉南地區地殼、地下水因受熱而活動頻繁，但該地區一直沒有地震，能量持續累積，汪中和擔心，所有能量一旦釋放出來，將造成巨大傷害」。

當然，這段媒體的報導並未觸及任何具體的地震前兆，氣候暖化(台灣地區是世界其他地區同時期溫度上升的 2 倍)導致地下水受熱活動頻繁或許是事實，地下水位的變化、地溫的變化以及地下水中 He、CH_4、N_2、O_2、CO_2與Ar等元素的變化等均是有潛力的地震前兆觀測方法，但尚無法具體推論出和未來嘉南大地震的任何關係。

民國 96 年 4 月 12～13 日，2739 期基督教論壇報八版雲嘉南地震專題報導一版中，有關六甲地震地下水監測站地下水溫持續上升，有如下的節錄：

「位於台南六甲國小的地震地下水監測站的水溫近年不斷上升，中研院地球科學研究所研究員汪中和表示，可能是地殼受擠壓，深部的地熱水上湧造成。這個水溫異常的現象表示嘉南地區的地殼擠壓的力道正在增加，未來發生地震的機率升高，是我們需要特別注意的地區。中研院地球科學研究所研究員余水倍表示，近十多年來，從北部到嘉南西部海岸線，地殼板塊一直受擠壓，新竹苗栗平均每年海岸線縮短一公分，但在嘉南地區，平均每年海岸線縮短四公分，整體來說，其中累積的能量，發生地震的機率滿高，但是何時會發生，會造成什麼災難，仍難預測，防災預備仍有必要。

地下水位能靈敏的反映地層微小的應力狀態改變，因此監測地下水文變化有潛力提供地殼變形的訊息。汪中和指出，六甲觀測站是全台十六個地震監測井站中，唯一溫度一直升高的地區，尤其該監測井站位於地下兩百多米深的高度，不能不留意」。

「嘉南地區地震風險增高？設在台南六甲國小的地震地下水監測站監測指出，前年八月至十二月底，該地區地下水溫已增高攝氏兩度，目前正持續上升中，學者表示，水溫異常可能是地底下有溫泉流動，或者附近工廠排放廢水，影響數值，尚待進一步調查」。

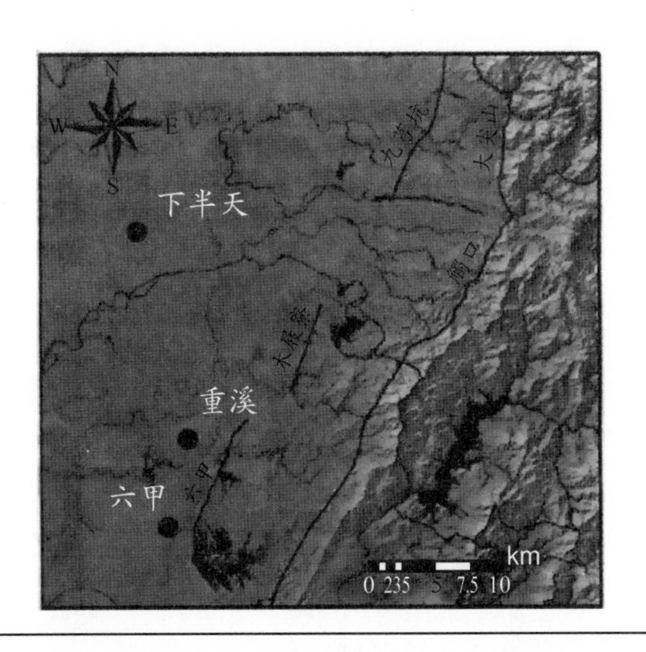

圖 13-1　三個黑色圓點為地震地下水監測站，附近有六甲斷層、木屐寮斷層、九芎坑斷層、觸口斷層、大尖山斷層(資料來源：氣象局資料)

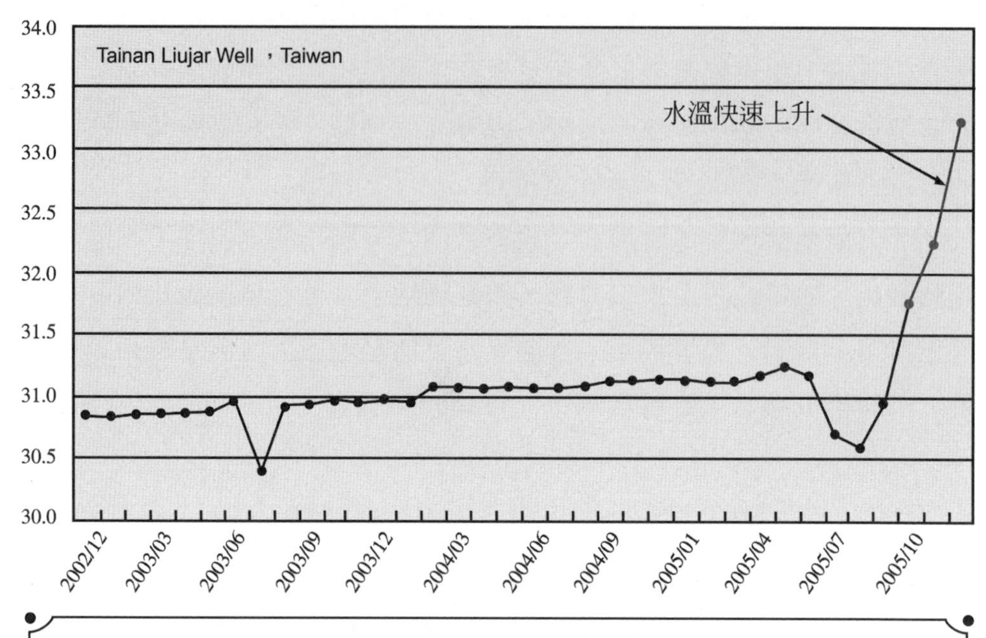

圖 13-2　台南六甲國小的地震地下水監測站的水溫近年來不斷上升變化趨勢圖(中研院地球科學研究所資料)

行政院國家科學委員會自 2001 年起積極推動地震前兆研究，其中水利署執行地震前後地下水異常變化監測，目前全台已建置十六個地震監測井站，進行水位、水溫的長期監測。水利署表示，一般水溫變化不大，但自前年八月開始，至十月，水溫增加攝氏兩度，屬異常現象。

台灣大學地質科學系賈儀平教授與成功大學防災研究中心副主任賴文基都參與這項研究，賴文基表示，有可能是因爲附近有溫泉流動，導致水溫升高，也有可能是工廠偷排廢水，影響觀測。

賴文基表示，雖然也有可能是因爲地殼擠壓，導致地熱水上湧，但這中間有許多的變數與不確定性，還需要更深一步的研究。

賴文基指出，現在地震預測正確率只有千分之一，甚至萬分之一，除了地下水溫、水位監測，還要觀察各種其他數據，如地震頻率、地質變化等因素綜合分析，工程浩大，難度很高」。

由六甲站地下水溫上升變化趨勢圖來看，是異常的確無誤。雖然與存疑性的六甲活動斷層相近，但仍須排除一切可能的環境噪音，方有可能是嘉南地區未來某一地震的前兆(但不一定是未來的嘉南大地震)，這都仍在地震前兆「第一步」的開始部位；但若以警訊看待，則有待其他前兆的相互驗證與比對。

我們如果以1839～2006年台灣西南(嘉南)地區(W3)地震規模≧6.0的地震目錄來看(表9-4)，167年間發生3次七級以上的大地震，其七級強震週期大約爲56年±16年。嘉南地區上一次的七級強震是1941年12月17日的中埔大地震，如果以1941加上56年的強震間隔，七級嘉南大地震有可能在1997±16年，即1981～2013年間發生。若以六級地震來看，則其週期大約爲9年±18年。嘉南地區上一次的六級地震是1999年10月22日的嘉義地震，則未來六級以上嘉南地震有可能在2008±18年，即1990～2026年間發生。

我們如果以活動斷層來看，嘉義東側的九芎坑斷層，嘉義南方的木屐寮與六甲斷層都已進入可能的活動週期。若再考慮1964年1月18日的白河地震，嘉南地震帶中間的白河、六甲一帶應有相當的地震潛勢。嘉南地區，無論北邊的民雄與嘉義；中間的白河與六甲；南邊的新化一帶，均屬地質變形帶的前緣地區，以目前海岸線每年平均縮短四公分來看，相較於西北部地區已累積的能量是的高，未來六年內(至2013年)六級以上的地震潛勢仍是相當相當的高。

針對未來的嘉南大地震，國內目前監測中的地震前兆計有中央氣象局與中研院地球所的地殼變形，中央大學地球物理學院的電離層電子濃度變化，水利署與成大防災中心的地下水位與水溫變化，高苑科大的VHF電磁波傳導異常與衛星熱紅外增溫異常前兆等多種連續監測方法，如果這些方法能在某一架構下整合，並建置綜合觀測成果平台，我們有機會可以捕捉到未來的嘉南大地震。這雖是Mission Impossible，仍請主政者三思。(後記於2007年4月15日)

後記—恆春雙主震分析

一、後記

民國95年12月26日，20:26在枋寮峽谷(地質構造位於其西側馬尼拉海溝與東側恆春海脊之間)，發生了今年最大規模(芮氏規模 6.7，震源深度21.9km)的地震，也是枋寮峽谷近百年來最大規模的地震。12月27日中國時報 A3 焦點版頭條新聞即爲「6 顆原子彈威力－恆春大震撼」。主震8分鐘以後，在枋寮附近海陸交界處又發生規模6.4的強餘震，因震央接近陸地，高雄市和高雄港均發生五級的最大震度。此次地震至少造成2人死亡，32人受傷，並嚴重損毀南台灣海峽的海底通訊電纜，對國際通信亦形成幾乎斷線的影響。

西部 W1～W4四個地震帶，2005年以 W4最爲活躍；而且 M4.93是 2005 年西部四個地震帶中最大的地震(W1：M4.84、W2：M4.38、W3：M4.63、W4：M4.93)。2005年全年，W4地震帶共發生了169筆M≧3.0地震，其中28筆是超過規模4.0以上的；而2004年 W4地震帶只發生了5次M≧4.0的地震。若我們觀察W4地震帶達28筆M≧4.0的條帶與空區分佈圖，依地震空區理論 W4地震帶2006年最大地震應爲M≧6.0，並且發生在條帶與空區的交會處附近(上、下二端)，而1226的主震即發生在上端的交會處附近，8分鐘後的最大強餘震亦發生在此區。

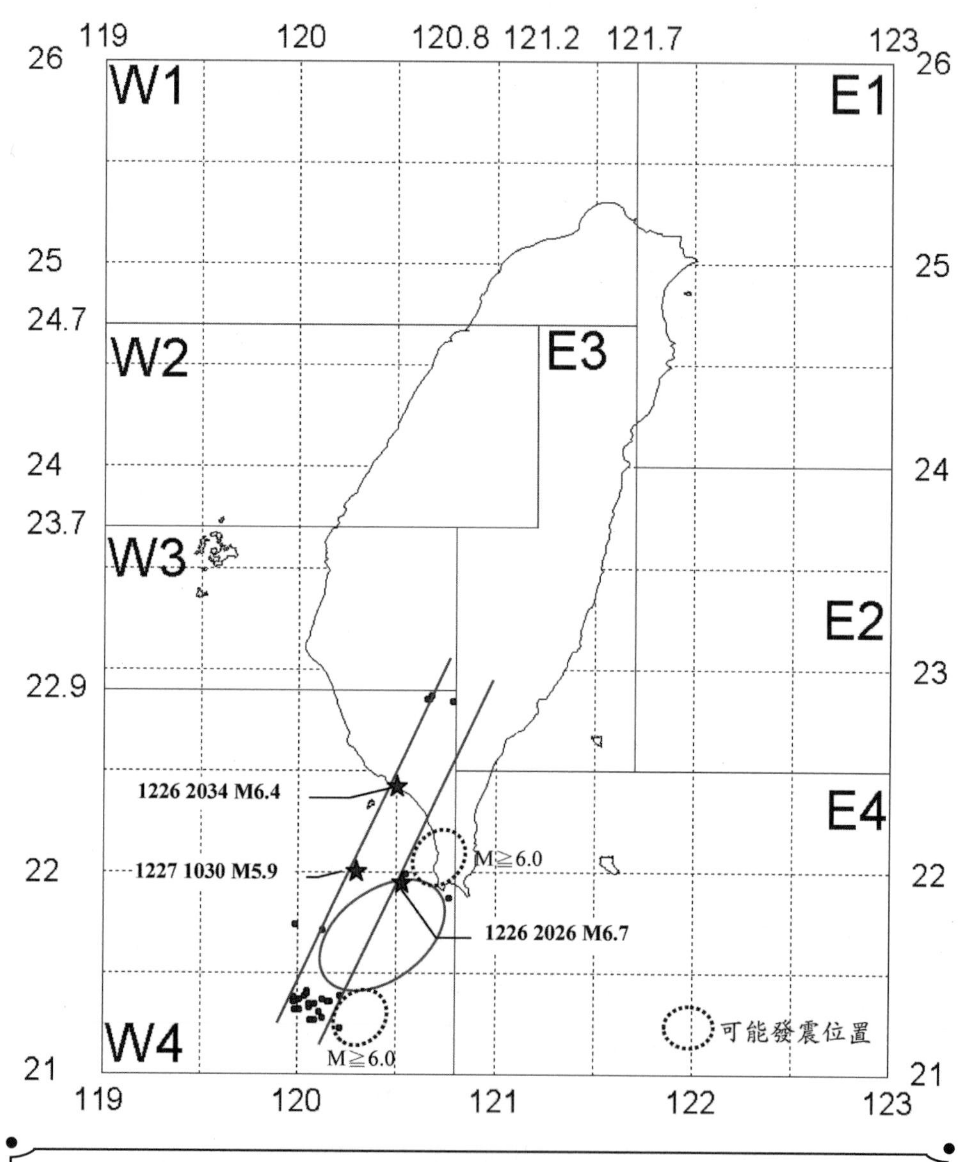

圖 14-1 2006年W4地震帶可能地震規模與地點預測圖

至於未什麼上述的分析沒有出現在「2006 年台灣地區地震趨勢分析」一文呢？或許是尚未能充分掌握W4 地震帶 2005 年所呈現出的趨勢吧！

二、恆春雙主震分析

我們由圖 2-1，在東經 120.8 度以西，北緯 22.6 度以南，即一般在行政區劃中所謂的高高屏地區，1898 年以來從未發生過規模七以上的強震。如果我們看圖 2-3，恆春西方外海爲一連串的峽谷地形，枋寮峽谷、高屏峽谷、澎湖峽谷，以迄馬尼拉海溝的板塊隱沒帶。此地區地質構造活動並不劇烈，因此不僅地震較少而且規模也不大(最大規模僅有 6.3)。

歷年來，西部地震區 W1～W4 的平均年頻次比爲 1:3.9:3.7:2.6，但 2005 年時，其年頻次比已變化成 1:2:4:28，W4 區頻次相對急劇升高(規模超過 3.0 以上共 169 筆)。2006 年在 12 月 26 日恆春地震發生前，在 W4 區規模超過 3.0 以上的地震卻只有 5 筆而已(依據CWB全球資訊網上的資料，數量偏低)。這是屬於地震學的前兆，即大地震前，該區中小規模地震會急劇升高，多半在主震前會有一小段時間的震前平靜，接著即發生大地震。本文將以下圖說明震前平靜的理論，若以 2005 年來看，W4 區規模≧3.0 的地震次數每日平均值爲 14，但 2006 年 1 月即立刻進入平靜期。平靜期長達 1 年，其中仍有 2 次的小起伏後，2006 年 11 月再度進入震前平靜，兩個月後即發生了恆春地震。2000 年以來台灣各地震分區的年頻次變化，請參考表 11-4 頻次變化表。

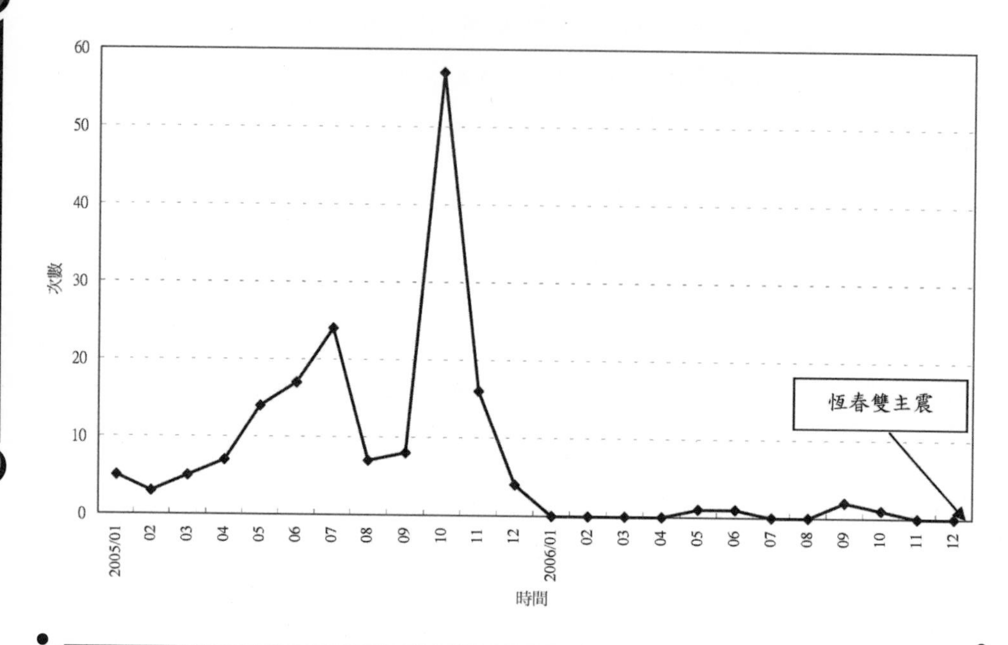

圖 14-2　2005～2006 年 W4 區地震規模≧3.0 頻次分布圖

本文保留了去年年底所寫的「後記」一節，以爲當時分析背景的紀念。但幾個月後中央氣象局全球資訊網的地震定位資料已有大幅度的修正，恆春地震已修正爲兩個規模均爲 7.0 的雙主震地震序列，震央位置均往南下修 40～50 公里，雙地震能量釋放也從大約 8 顆原子彈的規模修正爲32 顆左右，幅度算是相當的大。

表 14-1　CWB 2006/1226 恆春雙主震序列地震目錄

No.	CWB_No	Taip_date	Taip_time	Latitude	Longitude	Depth	Mag.	Zoon	最大震度
1	95106	2006/12/26	20:26:21.0	21.69	120.56	44.1	7.0	W4	屏東墾丁 5級
2	95107	2006/12/26	20:34:15.1	21.97	120.42	50.2	7.0	W4	屏東墾丁 5級 高雄港 5級 高雄市 5級 屏東市 5級
3	95108	2006/12/26	20:40:25.6	21.90	120.47	38.5	5.1	W4	屏東鵝鑾鼻 3級
4	小區域	2006/12/26	22:53:21.0	21.86	120.46	45.6	4.9	W4	屏東鵝鑾鼻 2級
5	95109	2006/12/26	23:41:44.7	22.07	120.30	41.2	5.5	W4	高雄市 4級
6	小區域	2006/12/27	00:10:33.6	22.08	120.41	40.7	4.5	W4	屏東枋寮 1級
7	小區域	2006/12/27	01:35:13.0	21.82	120.47	44.6	5.0	W4	屏東鵝鑾鼻 3級
8	小區域	2006/12/27	06:54:34.4	22.04	120.47	50.6	4.4	W4	屏東墾丁 2級 高雄港 2級
9	小區域	2006/12/27	07:10:45.0	22.02	120.46	52.2	4.3	W4	高雄港 2級
10	95110	2006/12/27	10:30:39.8	22.05	120.39	49.5	5.8	W4	屏東小琉球 4級
11	小區域	2006/12/28	17:39:0.50	21.96	120.43	48.1	4.5	W4	屏東恆春 3級
*12	小區域	2007/01/19	07:53:25.3	21.85	120.64	40.8	5.0	W4	屏東墾丁 1級 台東蘭嶼 1級
*13	小區域	2007/03/14	11:31:36.5	21.80	120.46	48.7	4.1	W4	屏東恆春 1級
*14	小區域	2007/03/14	20:00:13.6	21.92	120.34	51.7	5.0	W4	屏東小琉球 2級

*不列入恆春雙主震序列地震

資料來源：中央氣象局全球資訊網

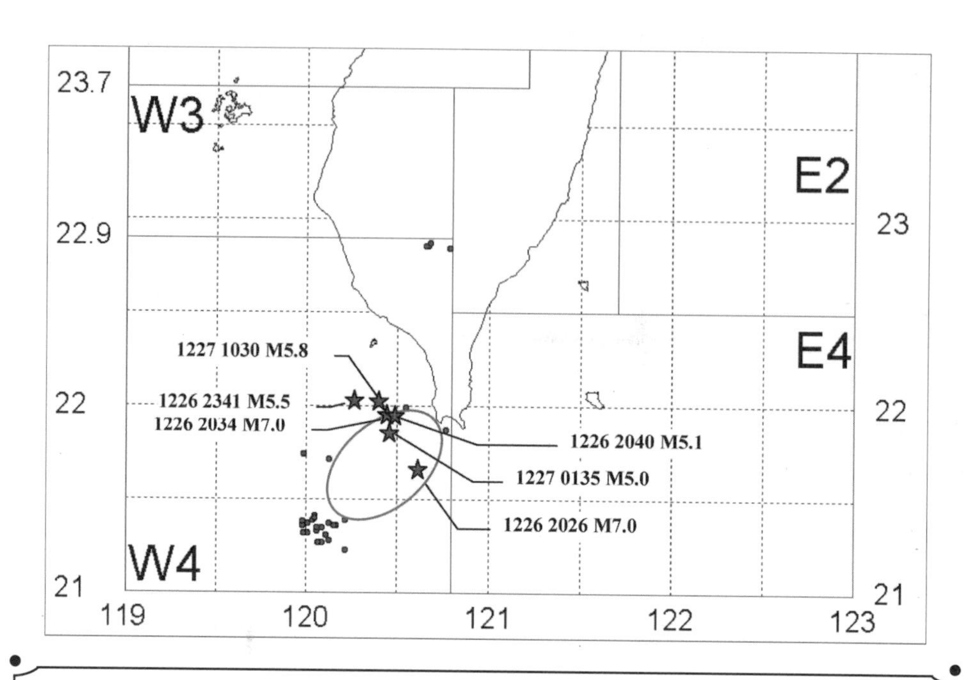

圖 14-3　恆春雙主震序列規模≧5.0 震央分布圖

恆春地震是近年少見的雙主震，由表 14-1 和圖 14-3 可知，恆春雙主震序列發展的時間只有三天(12 月 26 日 20:26 到 12 月 28 日 17:39)，地震序列僅有 11 個(No.1～No.11)，11 個序列地震中規模≧5.0 有六個，最小的也有 M4.3；尾震是 12 月 28 日(第三天)僅有的一個 M4.5；最大餘震是序列第 10 號的 M5.8。震央分布範圍是東經 120.30 度～120.56 度，北緯 21.69 度～22.08 度，震源深度範圍爲 38.5km～52.2km，均屬淺層地震。由震源深度來看，歐亞大陸板塊的南中國海子板塊在馬尼拉海溝是以低角度(～30 度)的方式俯衝至菲律賓海板塊的下方。由圖 14-3 仍然可清楚看到恆春雙主震均發生在 2005 年 W4 區的地震空區的邊緣，但規模卻較空區大小大一個量級，這是 W4 區的特色：少震且規模小。(後記於 2006 年 5 月 8 日)

後記—台中港地區未來五十年的地震潛勢

本章主要針對台中港地區(台中港半徑 50km 的範圍，其經緯度爲 N23.78～24.78，E120.02～121.02)，利用灰色系統理論及模糊數學，以台中港地區四百年地震規模≧5.5 的地震目錄(1604 年～2006 年)爲基礎，並預測未來 50 年(2007 年～2056 年)，未來一百年(2057 年～2106 年)中，上述地區的強震(M≧6.0)潛勢。根據所有的資料，本團隊整理出提供後續分析利用的地震目錄如下。

表 15-1　1604 年～2006 年台中港地區規模≧5.5 地震目錄 (N23.78～24.78，E120.02～121.02)

date_utc	time_utc	latitude	longitude	depth	magnitude
1815/10/13		24.30	120.90		7.10
1845/03/04		23.90	120.50		6.50
1845/03/04		24.06	120.42		6.00

表 15-1　1604 年～2006 年台中港地區規模≧5.5 地震目錄(續)

date_utc	time_utc	latitude	longitude	depth	magnitude
1845/03/04		24.10	120.70		6.00
1848/02/12		24.06	120.30		7.10
1881/02/18		24.36	120.42		6.20
1881/02/18		24.40	121.00		6.00
1881/02/18		24.60	120.70		6.20
1882/12/09		23.80	120.50		6.25
1906/08/07	14:50:50	24.00	121.00		5.80
1909/05/23	06:44	24.00	120.54		5.90
1916/11/15	06:31	24.20	120.48		6.00
1916/08/28	07:27:42.00	24.00	120.03	45.0	6.80
1916/11/14	22:31:58.00	24.10	120.89	3.0	6.20
1917/01/04	16:50:00.00	24.00	120.98	5.0	6.20
1919/07/17	17:49:05	24.00	121.00		6.00
1919/08/07	14:50:50	24.00	121.00		5.80
1920/12/05	07:08:28	24.18	120.12		6.30
1921/08/29	23:09:00	24.24	120.48		6.30
1927/02/20	10:00:30	24.00	120.30		5.50
1928/08/27	06:11:00	24.00	121.00		5.50
1935/04/20	22:01:54.00	24.18	120.48	5.0	7.10
1935/04/21	06:01:54	24.18	120.48	5.0	7.10
1935/04/21	06:26:26	24.42	120.54		6.20
1935/05/05	07:02:24	24.30	120.48		6.20
1935/05/30	03:43:00	24.06	120.48		5.90
1935/06/07	10:51:00	24.12	120.30		6.00

表 15-1　1604 年～2006 年台中港地區規模≧5.5 地震目錄(續)

date_utc	time_utc	latitude	longitude	depth	magnitude
1935/07/17	00:19.00	24.36	120.42	30.0	6.40
1936/07/20	23:54	24.24	120.48		6.00
1936/09/12	17:59	24.18	120.48		6.10
1938/09/14	08:50	24.24	120.36		5.80
1938/10/13	16:26	24.00	121.60		6.40
1943/07/02	07:48	24.24	120.42		5.80
1943/08/29	11:20	24.42	120.30		5.70
1947/03/08	00:02	24.12	120.48		5.60
1951/10/22	11:19	24.00	121.60	40.0	5.90
1967/09/15	23:57	24.06	120.42	50.0	5.70
1999/09/20	17:47:15.85	23.85	120.82	8.0	7.30
1999/09/20	17:49:40.07	23.98	120.83	19.7	6.10
1999/09/20	17:57:15.08	23.91	121.02	2.2	6.50
1999/09/20	17:59:29.34	24.10	120.95	1.5	5.50
1999/09/20	18:03:40.83	23.79	120.88	3.5	6.60
1999/09/20	18:05:52.90	23.95	120.84	19.6	6.00
1999/09/20	18:11:26.55	23.93	121.00	2.1	5.50
1999/09/20	19:28:42.12	23.89	120.98	2.9	5.50
1999/09/20	20:02:14.73	23.96	120.79	1.6	5.70
1999/09/21	00:45:39.99	23.88	120.99	8.2	5.50
1999/09/25	23:52:49.51	23.86	121.01	9.9	6.80
2001/03/01	16:37:50.19	23.84	121.00	10.9	5.80

(王仁志、許耿強整理)

台中港東側 6 公里有彰化斷層，25 公里外有車籠埔斷層，36 公里外則有大茅埔－雙冬斷層，均爲向東側傾斜的逆移斷層。其分布與橫剖面如下圖所示。

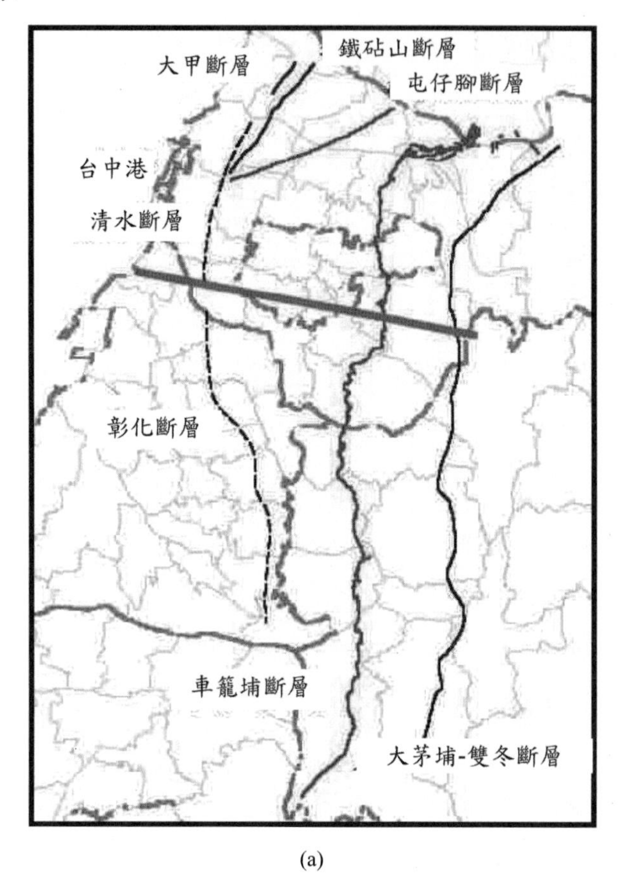

(a)

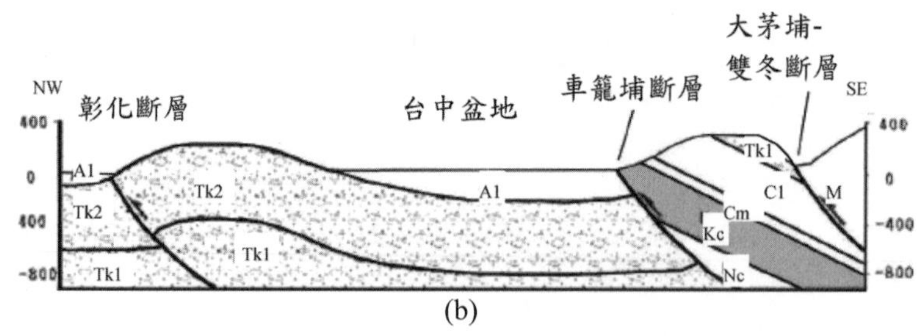

(b)

圖 15-1　(a) 台東縱谷南段的活動斷層與斷層條帶地質圖與(b) 地質剖面圖(續)
(鄭世楠、葉永田，2002)

彰化斷層(包括大甲、鐵砧山、清水與彰化斷層)長度爲65公里，地震規模(Mw)爲 7.2(鄭世楠、葉永田，2002)，因距台中港最近，而且1999年集集地震除車籠埔斷層錯動過外(M7.3)，並且伴隨疑似大茅埔-雙東斷層的部分錯動(M6.5、M6.8)，看起來是目前對台中港威脅最大的活動斷層。如果我們再檢視四百年來台中港地區M≧6.5的地震目錄，未來彰化斷層的先錯動是比較可能的；其次則是1999年疑似部分錯動過的大茅埔－雙冬斷層。

表15-2　1604年～2006年台中港地區規模≧6.5地震目錄

date_utc	time_utc	latitude	longitude	depth	magnitude	fault or guake
1792/08/09		23.7	120.4		7.10	嘉義地震
1815/10/13		24.30	120.90		7.10	
1845/03/04		23.90	120.50		6.50	
1848/02/12		24.06	120.30		7.10	彰化斷層
1916/08/28	07:27:42.00	24.00	120.03	45.0	6.80	
1935/04/20	22:01:54.00	24.18	120.48	5.0	7.10	
1935/04/21	06:01:54.00	24.18	120.48	5.0	7.10	
1999/09/20	17:47:15.85	23.85	120.82	8.0	7.30	車籠埔斷層
1999/09/20	17:57:15.08	23.91	121.02	2.2	6.50	大茅埔－雙冬斷層
1999/09/20	18:03:40.83	23.79	120.88	3.5	6.60	
1999/09/25	23:52:49.51	23.86	121.01	9.9	6.80	大茅埔－雙冬斷層

我們將1604年～2006年的地震目錄依5年爲一個時間間隔，取最大規模地震即可得如下的地震統計表。

表 15-3　台中港地區間隔 5 年最大地震統計表

序號	1	2	3	4	5
年	1815～1820	1821～1825	1826～1830	1831～1835	1836～1840
時區	第 1 個 5 年	第 2 個 5 年	第 3 個 5 年	第 4 個 5 年	第 5 個 5 年
最大強度	7.1	0	0	0	0
序號	6	7	8	9	10
年	1841～1845	1846～1850	1851～1855	1856～1860	1861～1865
時區	第 6 個 5 年	第 7 個 5 年	第 8 個 5 年	第 9 個 5 年	第 10 個 5 年
最大強度	6.5	7.1	0	0	0
序號	11	12	13	14	15
年	1866～1870	1871～1875	1876～1880	1881～1885	1886～1890
時區	第 11 個 5 年	第 12 個 5 年	第 13 個 5 年	第 14 個 5 年	第 15 個 5 年
最大強度	0	0	0	6.25	0
序號	16	17	18	19	20
年	1891～1895	1896～1900	1901～1905	1906～1910	1911～1915
時區	第 16 個 5 年	第 17 個 5 年	第 18 個 5 年	第 19 個 5 年	第 20 個 5 年
最大強度	0	0	0	5.9	0
序號	21	22	23	24	25
年	1916～1920	1921～1925	1926～1930	1931～1935	1936～1940
時區	第 21 個 5 年	第 22 個 5 年	第 23 個 5 年	第 24 個 5 年	第 25 個 5 年
最大強度	6.8	6.3	5.5	7.1	6.4
序號	26	27	28	29	30
年	1941～1945	1946～1950	1951～1955	1956～1960	1961～1965
時區	第 26 個 5 年	第 27 個 5 年	第 28 個 5 年	第 29 個 5 年	第 30 個 5 年
最大強度	5.8	5.6	5.2	5.1	0
序號	31	32	33	34	35
年	1966～1970	1971～1975	1976～1980	1981～1985	1986～1990
時區	第 31 個 5 年	第 32 個 5 年	第 33 個 5 年	第 34 個 5 年	第 35 個 5 年
最大強度	5.7	0	0	0	5.2
序號	36	37	38	39	
年	1991～1995	1996～2000	2001～2005	2006～2010	
時區	第 36 個 5 年	第 37 個 5 年	第 38 個 5 年	第 39 個 5 年	
最大強度	5.1	7.3	5.8	0	

⑴　以時間鏈數列預測模式分析，可得表 15-4 至表 15-6 的結果。

表 15-4　台中港地區 5.0≦M < 6.0 預測分析

規模	5.0≦M < 6.0						預測值
實際值	19	23	26-29	31	35-36	38	
模型值	20	23	26	30	34	39	**44**
殘差%	9.27	2.68	7.36	1.41	3.43	4.07	—

說明：預測值 44 表示在第 44 個 5 年(2031 年～2035 年)會有 5.0≦M < 6.0 的地震。

表 15-5　台中港地區 6.0≦M < 7.0 預測分析

規模	6.0≦M < 7.0				預測值
實際值	6	14	21-22	25	
模型值	9	13	18	26	**39**
殘差%	54.93	5.31	14.07	7.84	—

說明：預測值 39 表示在第 39 個 5 年(2006 年～2010 年)會有 6.0≦M < 7.0 的地震。

表 15-6　台中港地區 M≧7.0 預測分析

規模	M≧7.0				預測值
實際值	1	7	24	37	
模型值	5	11	23	47	**96**
殘差%	490.72	69.51	0.69	29.4	—

說明：預測值 96 表示在第 96 個 5 年(2291 年～2295 年)會有 M≧7.0 的地震。

⑵　以災變預測模式分析，則可得到表 15-7 至表 15-9 的結果。

表 15-7　台中港地區 M≧6.0 災變預測

規模	M≧6.0							
序號	1	31	34	67	68	102	103	105
模型值	1	52	57	63	70	77	85	93
殘差(%)	0	68.53	69.42	5.2	2.97	24.3	17.34	10.59

規模	M≧6.0						預測值
序號	106	107	121	122	134	185	
模型值	103	114	125	138	152	168	**185**
殘差(%)	2.35	6.66	4	13.73	14.17	8.82	—

說明：預測值 185 表示在 1999 年±25 年會有 M≧6.0 的地震。

表 15-8　台中港地區 M≧6.5 災變預測

規模	M≧6.5						預測值
序號	1	31	34	102	121	185	
模型值	1	34	53	81	124	189	**288**
殘差(%)	0	12.8	56.87	20.24	2.56	2.31	—

說明：預測值 288 表示在 2103 年±21 年會有 M≧6.5 的地震。

表 15-9　台中港地區 M≧7.0 災變預測

規模	M≧7.0				預測值
序號	1	34	121	185	
模型值	1	53	100	187	**348**
殘差(%)	0	58.7	16.94	1.18	—

說明：預測值 248 表示在 2162 年±21 年會有 M≧7.0 的地震。

⑶ 以每 20 年爲單位來計算某一地震規模以上的次數，則可得到表 15-10 至表 15-12 的結果。

表 15-10 台中港地區每 20 年 M≧6.0 地震次數預測實際值

實際值	1	4	0	4	0	7
模型值	1	3	3	3	3	3
殘差%	0	20.66	—	23.17	—	57.49
實際值	9	0	0	**預測值**	**預測值**	
模型值	3	3	3	**3**	**3**	
殘差%	67.46	—	—	—	—	

說明：預測值 3 和 3 表示在未來 1995～2014 和 2015～2034 各有 3 次 M≧6.0 地震發生。

表 15-11 台中港地區每 20 年 M≧6.5 地震次數預測實際值

實際值	1	2	0	0	0	1
模型值	1	1	1	1	1	1
殘差%	0	54.74	—	—	—	27.52
實際值	3	0	0	**預測值**	**預測值**	
模型值	1	1	1	**1**	**1**	
殘差%	77.15	—	—	—	—	

說明：預測值 1 和 1 表示在未來 1995 年～2014 年和 2015 年～2034 年各有 1 次 M≧6.5 地震發生。

表 15-12　台中港地區每 20 年 M≧7.0 地震次數預測實際值

實際值	1	1	0	0	0	0
模型值	1	0	0	0	0	0
殘差%	0	58.72	—	—	—	—
實際值	2	0	0	**預測值**	**預測值**	
模型值	0	0	0	**0**	**0**	
殘差%	82.05	—	—	—	—	

說明：預測值 0 和 0 表示在未來 1995 年～2014 年和 2015 年～2034 年不會有 M≧7.0 地震發生。

(4) 如果取震級均方差σ＝ 0.3，下限震級M_λ＝ 6.5，模糊數：μ＝ $\exp\left[-\left(\frac{M-M_\lambda}{\sigma}\right)^2\right]$，進行模糊灰色預測，則可得到表 15-13 至表 15-14 的結果。

表 15-13　台中港地區模糊灰色預測(μ_k＝0.5、M≧6.25)實際值

實際值	1	6	7	14	21	22
模型值	6	8	10	13	16	20
殘差(%)	592.42	43.58	53.11	4.76	21.01	6.19
實際值	24	25	37	**預測值**	**預測值**	
模型值	25	31	39	**49**	**61**	
殘差(%)	6.99	27.78	7.41	**2**	**2**	

表 15-14　台中港地區模糊灰色預測(μ_k = 0.1、M≧6.5)實際值

實際值	1	6	7	21	24	37	**預測值**	**預測值**
模型值	4	7	11	18	28	44	**69**	**108**
殘差(%)	383.53	25.74	68.17	12.53	19.42	20.87	**2086～2090**	**2351～2355**

經由上述的四種預測模式計算，可得如下的分析結果：

1. 台中港地區未來50年內(2007～2056年)的地震潛勢。
   (1) 2007～2014年最多一次6≦M＜7.0的地震。
   (2) 2015～2034年最多二次6≦M ＜6.5地震與最多一次6.5≦M ＜7.0的地震。
2. 台中港地區未來50至100年內(2057～2106年)的地震潛勢。
   (1) 2082～2124年一次6.5≦M＜7.0的地震。

綜合上述的分析結果，未來100年內台中港地區彰化斷層或大茅埔-雙冬斷層的錯動，發生的時間可能有二：一爲 2015～2034 年的 20 年間、一爲2103年±21年間(2082～2124年)，地震規模均爲大於六級但小於七級的強震。未來 50 年內應以彰化斷層系列之一發生錯動的可能性較高；未來的50年至100年間則以大茅埔－雙冬斷層錯動較爲可能。

附錄 APPENDIX

參考文獻

1. 陳培源，2006，台灣地質，台灣省應用地質技師公會出版(台北)，pp.23-1～25-33。
2. 蔡衡、楊建夫，2004，台灣的斷層與地震，遠足文化出版(台北)，pp. 91、92、01、107、116-123。
3. 柴保平、于銀芳，1999，防震減災200問，地震出版社(北京)。
4. 鄭世楠、葉永田，1989，IES-R-661西元1604年至1988年台灣地區地震目錄；中研究地球所研究報告，pp.36、38、40。
5. 林俊全，2004，台灣的天然災害，遠足文化出版(台北)，pp.69。
6. 饒瑞鈞，2002，台灣的地震地球構造，台灣之活動斷層與地震災害研討會論文集(台北)，pp.41。
7. 林朝宗、林明聖，2005，解讀台北東區地震，地質Vol.24,No.4(台北)，pp 5～7。
8. 鄭魁香，2000，台灣地區2000年至2010年之地震危險圖，集集大地震後台灣未來地震潛勢分析研討會論文集，pp.1～15。
9. 鄭魁香，2000，地震傷亡率的灰預測，2000 年灰色系統理論與應用研討會論文集。
10. 鄭魁香，2001，2001年台灣地區地震趨勢分析，2001年台灣地區地震趨勢分析論壇論文集(高雄)，pp.41～52。
11. 鄭魁香，2001，2002年有關地震強震幕式分析的灰預測，2001年灰色系統理論與應用研討會論文集。
12. Huang, C.Y. etal., 1999, Tectonophys., No.281,pp.31～51。
13. 陳遠忠、宋俊高，1989，地震空區與地震預報，地震出版社(北京)，pp.1～28。

14. 長尾年恭，2001，地震予知研究の新開展，近未來社出版(東京)，pp.37～57。
15. 串田嘉男，2000，地震予報に挑む，PHP研究所出版(京都)，pp.67～78。
16. 茂本清夫，1998，地震予知を考える，岩波書店出版(東京)，pp.48～51。
17. 上田誠也，2001，地震予知ほできる，岩波書店出版(東京)，pp.85～108。
18. 丁仁東，2007，自然災害—大自然反撲，五南圖書出版公司(台北)，pp.100～108。
19. 鄭世楠、葉永田，2002，1948 年彰化地震與彰化斷層關係的初步研究，港灣報導No.61，pp.38～47。
20. 馮德益等，1992，模糊地震學，地震出版社(北京)，pp.259～264。

來源出處：聯合報

日　　期：1999 年 9 月 29 日

《地震辭典》

強震群與主餘震

強餘震型雖然愈震愈弱 觸口斷層活動仍應注意

鄭魁香／高苑技術學院防災科技研究中心研究員（高縣路竹）

在九二一集集大地震發生後五天，大前天清晨再次在日月潭東方十二公里處發生第三次規模六點八的淺層強餘震，並造成災區進一步的生命與財產的損失。除了災區居民心理的深度恐慌外，全體國民不禁要再問，是否還會有比規模七點三更大的地震將會發生？

雖然中共國家地震局表示，這次地震屬「強震群」，即不排除未來會有規模七以上的地震；但根據此次集集地震序列類型及餘震週期來看，它應該是主餘震型，而不是多震群序列型式或中、小震群序列型。中部地區在歷史地震紀錄中，僅有民國五年八月廿八日的南投地震（可能與車籠埔斷層有關）與此次集集大地震相近，但該次地震應屬多震序列型，曾在該年十一月十六日和民國六年一月五日及七日，分別在埔里和台中發生規模五點五至六點八的災害性餘震（震群）共四次。因此若由歷史地震紀錄來看，九二一集集大地震在地震序列類型中，倒是近百年來中部地區唯一的一次紀錄。既是主餘震型，餘震（最大強餘震或晚期強餘震）應不會超過規模七點三（主震）以上。

分析此次地震序列的時空分佈，的確有一些特別之處，值得國人注意。從時間的頻率變化來看，大致上是呈現出波浪式遞減的趨勢，有感地震由二十一日的卅九次，到二十二日的十四次，二十三日六次到廿四日的五次，但二十五日微升至七次後，二十六日晨即再發生規模六點八的餘震。九月二十三日未發生規模六點零以上的餘震，九月二十四日甚至餘震規模降至五點五以下，但九月二十五日餘震規模恢復至九月二十三日的五點六後，二十六日即發生規模六點八的強餘震。由餘震的規模分佈來看，九二六的強餘震主震後的餘震序列的第二個波峰（第一個波峰是九月二十二日晨，主震後卅小時餘，規模六點八），由此準週期特性來看，若還有強餘震，可能會在十月上旬左右發生，規模可能在五點五左右，不會超過規模六點八。

若從空間的餘震震央來看，因為震央分佈範圍很廣，為一狹長形條帶。南北長約七十餘公里（北界在南投縣北近台中縣界，南界直抵阿里山和玉山），東西寬約卅至四十公里（西界在車籠埔斷層，東界近中央山脈）。因為範圍很大，大地應力所需平衡的時間亦長，因此餘震的時間可能會久一點，或許可達三個月左右，不過規模會漸減，餘震頻率亦會漸疏。最大餘震規模可能即為六點八。另強餘震發生地點亦有明顯變遷特性，為一種兩頭與中間交替的發生圖像。兩頭指的是日月潭東十二至二十公里處和阿里山與玉山北十二公里左右，強餘震震央即在此兩頭與中間交替的發生。因此我們也大致預測出下一次強餘震的震央位置，不是在日月潭東十五公里左右，即是在日月潭東南二十公里左右的兩處中的一處。

我們僅根據強餘震活動性分析法與強餘震震央遷移法做上述的餘震序列分析。另外，中部地震帶與嘉義地震密集帶（梅山、觸口斷層）和羅東地震密集帶均各自依不同週期特性活動，不易互相誘發。不過，車籠埔斷層下接觸口斷層，我們並不清楚它們之間的地質構造關係，密切注意觸口斷層的活動性仍然有一定程度的必要性，值得地震學界的留心。

來源出處：聯合報

日　　期：1999 年 9 月 29 日

聯合報 15

民意論壇

集集大震 不會誘發嘉南震源

根據百年來觀測史分析 地震帶各依其周期活動

鄭魁香／高苑技術學院防災科技研究中心研究員（高縣路竹）

集集大地震發生迄今，仍有許多民眾憂心是否此次強震會誘發台灣其他地震帶，導致提前釋放能量而很快又發生另一個災害性的大地震？例如日昨新竹附近兩起規模五以下的中強有感地震，即讓許多新竹科學園區的廠商憂心不已。另外一個憂慮是嘉南地震帶未來強震的規模會有多大？以及到底此強地震何時會來襲？

根據本中心有關「台灣地震危害地區災害性地震及其災害之潛勢分析」的研究，台灣地區從一八九七年設置第一部地震觀測儀以來，迄今一〇三年的觀測歷史中，產生災害性的地震共一〇五次（此次集集地震不計）。這次研究分析僅就台灣東、西部六個地震帶中，選擇了東部三個地震帶和西部嘉南地震帶等四個地震較多的地震帶，地震災害較大的廿六筆數據，進行未來十年的地震及災害的潛勢分析。分析的結果如下：

一、過去一百年內，台灣地區一共出現了六個地震活躍期。而上述四個地震帶（含嘉南地震帶）從一九九六年起即進入平靜期，這一次平靜期長達十七年（一九九六至二〇一二年），從二〇一二年到二〇一九年則為第七個活躍期。此次平靜期中的前十年應該不會發生規模七以上的地震，多半出現的為規模六到六點四左右的強震。二〇〇六年開始，每五年則會發生規模六點五的地震至少一次。

二、未來十年，地震可能性較高的為二〇〇二年。嘉南地震帶可能會發生深度超過六十公里，規模大於六點〇，並可能導致二位數的人員受傷，四位數的房屋全倒和近千戶的房屋嚴重受損的災害規模。另外同年亦可能在東部硫台地震帶發生深度四十至六十公里，規模六點〇至六點四的強震，但災害損失在人死、人傷、屋倒與屋損等四項指標上均為個位數的災害損失。

三、未來十年，地震可能性中等的為二〇〇三年及二〇〇四年，發生強震的地震帶均為東部的硫台地震帶和嘉南地震帶。規模除二〇〇四年硫台地震帶為六點〇至六點四左右外，其他均可能達到六點八左右。震源深度除二〇〇四年硫台地震帶為四十至六十公里左右外，其他都屬極淺層的強震（一至二十公里）。地震災害的潛勢四個指標的等級都在個位數的範圍內。

四、未來十年，地震可能性較低的為二〇〇一年和二〇〇七年。二〇〇一年地震可能會發生在硫台地震帶，規模六點〇至六點四，災害損失等級均在個位數範圍內。二〇〇七年可能會發生在嘉南地震帶，規模六點八左右，深度二十公里以內。產生數百人死傷以及幾千棟的房屋全倒和受損的災害。

五、上述四個地震帶系統識別均屬個別獨立，不會有彼此誘發的關連，未來是這樣，今天也是如此。因此集集大地震不會誘發嘉南震源區或東部硫台震源區。各地震帶均依其個別的準週期特性活動。

六、十月七、八日新竹、苗栗附近的兩次有感地震，震央離竹科分別為十及十八公里。兩次地震很可能與神桌山地震斷層有關。不過，新竹地區近三百年來，除一九三五年曾發生過規模七點一的強震外，就未再有規模六點五以上的地震，地震潛勢顯然不高；然因這兩次中強有感地震為連續發生，仍有進一步觀察的必要。

因此若從災害角度看來，未來十年會產生較大災害的地震帶唯嘉南震源區而已。比較可能的時間是二〇〇二年，規模不會超過六點五。若發生在二〇〇七年，規模可能會超過六點八，但地震的可能性也相對的偏低。嘉南地震帶要特別監視大尖山斷層、梅山斷層、觸口斷層與新化斷層，並進一步分析嘉南各不同震源區的潛勢大小，此有賴地震學界的再努力。

救災重建 最忌諱急功好利

劉姿妏／商（台中市）

執政者對救災及重建工作，切勿急功好利，而讓全國國民去承擔政策失誤的苦果。以財政部近日宣布由銀行承受災戶房貸政策為例，即顯示政府急於討好災民的心態，其動機頗值商榷，吾人亦期期以為不可。

李總統在十月五日晚間的記者會中，曾提示銀行與貸款戶間的債權債務關係，政府不能亦不必介入。因此災戶房貸問題，應由銀行視貸款戶個別財務狀況，與災戶自行協商解決，在展延五年本息後，災戶如仍無力償還貸款，銀行自可依法定程序，提列呆帳，對股東亦有所交代。而政府可視財政及整體資源配置情況，給予受災戶適當的貸款利息補貼及減免所得稅方式，以減輕災戶的負擔，如果災民因此陷入生活困境，自可循社會救助體系給予協助。

另報載承作央行提撥一千億元低利貸款的行庫發現，近來接到的申貸案件多是非災區民眾或是災區內受損較輕微的災民，已對真正需要協助的民眾申貸機會產生排擠作用，建議應將申貸條件，限縮為除自用住宅在地震中毀損，且個人、配偶及直系親屬名下已無其他房屋、存款及其他有價證券在一定金額以下者，以免讓真正需援助者向隅，恐使政府美意大打折扣。

南投再造 盼中央鼎力支持

林志忠／公（投縣鹿谷）

大地震南投縣政府辦公大樓已成危樓，當全體員工全力投入救災同時，又得抽空進入辦公大樓中搶救公文資料，並進行臨時辦公處所搬遷工作，期望能在最短時間內即恢復縣政正常運作。

災後十多天來，同仁均生活在餘震不斷的恐懼中，其生活與一般受災戶無異，此種身心煎熬，非災區民眾所能體會。

「逝者已矣、來者可追」，正進行第二階段災民安置與家園重建工作，單靠南投縣政府有限之人力、物力與財力是無法克竟全功，期盼中央政府全力支持完成任務，並協助推動「南投再造工程計畫」。

來源出處：聯合報

日　　期：1999 年 10 月 23 日

翻開嘉義百年震災史…

鄭魁香／高苑技術學院防災科技研究中心研究員（高縣路竹）

嘉義市位在嘉南地震帶的北端，是台灣西部地震帶中相當活躍的一個地區。在地質構造中，北邊有梅山地震斷層，起於梅山鄉大坑，向西南西延伸至民雄，並且很可能延長到新港以南。東北邊疑有九芎坑斷層，東南則有木屐寮斷層（近白河）。再往東一點則有第二類的觸口斷層，嘉義市真可以說三面都被活動斷層環繞著。

百年來嘉義市附近共有四次災害性地震發生。一九〇六年規模七點一的梅山地震即發生在嘉義市北，是台灣十大災害地震位居第二的一次烈震；一九四一年規模亦為七點一的中埔地震，則發生在嘉義市南邊，十大災害性地震則位居第三；西北方雲嘉邊界一九〇四年斗六地震規模七點〇；東南方嘉南邊界一九六四年則發生規模六點三的白河地震（可能與觸口斷層活動有關）。因此若由歷史地震紀錄來看，一九〇六年梅山地震（梅山斷層）、一九四一年中埔地震與一九六四年的白河地震（疑為觸口斷層）都和嘉義市（縣）密切相關，也衍生出嘉義震源區強震週期為三十五年的說法，不過這種分析較為不可靠。

昨天早上十時十九分規模六點四的地震，震央在嘉義西偏北二點五公里處，非常靠近梅山斷層民雄至新港間的延伸段。十一時十分規模六點〇，震央在嘉義北方四點九公里處（近民雄），則更為靠近梅山斷層的出露處。其他五次有感地震（規模五點一至四點一）震央則均在嘉義市東方或東南方（近木屐寮斷層）。因此若由嘉義附近活動斷層的分布，以及歷史災害性地震來看，昨天上午十時十九分規模六點四的地震，應為一主餘震型地震序列的主震，應與梅山斷層的錯動有關。此地震屬嘉義地震密集帶，與集集地震的中部地震帶不同；但因兩地震帶距離很近，且集集強震規模大（釋放大量應變能），應力場的應力重新分佈，倒有可能稍微早一點的觸發了此次的嘉義地震。不過本質上這是另一個地震帶的主震。既是主震，後頭強餘震的規模就不會超過六點四（早上十一時十分規模六點〇即為一強餘震）。

嘉南地震帶自一九九六年起即進入百年來的第六個平靜期。此一平靜期要一直持續到二〇一二年（共十七年長）。平靜期中，不可能發生規模七點〇以上的烈震；規模六點五以上的強震也不太可能發生。可能的地震規模應為六點一至六點四。一九六四年的白河地震也在平靜期中發生，規模則為六點三。因此就地震週期的活躍期或平靜期來看，昨天的地震較與一九六四年的白河地震相似（同在平靜期中發生），規模亦十分相近。較意外的則是早了一點發生（可能受集集地震影響）而已。

嘉南地震帶北端的嘉義震源區短期內（三至五年）應不致再有規模六點一以上的災害性地震發生。此區的重點短期內應加強監視新化斷層（第一類活動斷層，一九四六年的新化地震）以及觸口斷層的活動性，也應對二〇〇七年特別留心。

來源出處：聯合報

日　　期：2000 年 5 月 18 日

517地震「二次餘震」已近集集餘震序列尾聲

中部地震平靜日子不遠了

鄭魏香／高苑技術學院地震預測研究室研究員（台南市）

八日高屏地區和昨天台中縣分別發生芮氏規模四至五不等的地震，台灣地區的居民心裡蒙上一層陰影，不知地牛是否又蠢蠢欲動？

五月八日零時十八分和十九時五十三分，在高雄林園鄉南端靠近屏東縣近海邊，連續發生兩次規模五點一與四點六的地震。

從地形上看，五○八林園地震位於屏東沖積平原，從地質上看，震央位於第四紀沉積層內；從震源深度三十七點五公里和四十公里看，這種深度已達地殼最底部，甚至在地涵頂部的位置。若從地殼深部的板塊運動來看，林園地震相當接近台灣南部呂宋弧帶的隱沒帶，一般而言這裡的地震比較少。最靠近林園地震的活斷層是存疑性的鳳山斷層，相距至少有十多公里，所以林園地震純粹為板塊聚合隱沒帶的偶發性地震。自一六四四年以來，此隱沒帶規模五以上的地震紀錄有三十八筆，若以此次林園地震為中心，三十公里為半徑劃一個圓，落在此圓內的歷史地震紀錄僅有五筆，規模多半為五點一至五點五級，週期則大約為四十正負二十年。

綜合上述分析，此次林園地震為板塊聚合隱沒帶的一次主餘震形偶發性地震，應該沒有繼續發展的可能性。

昨天上午十一點二十五分到十二點四十七分的八十二分鐘內，在台中縣靠近青山的二十平方公里範圍內，發生了六次規模四以上的地震。這六次地震的震央都落在集集餘震區內，因此它是去年九二一集集大地震的餘震，而且是所謂的二次餘震（即後五次的餘震，均為十一點二十五分第一次規模五點二的餘震的二次餘震）。

集集地震的主震規模七點三和最大強餘震規模六點八均很大，這種規模的主餘震序列，無論在中期、晚期和特晚期都可能會發生二次餘震。昨天六次餘震的震央空間分布又非常集中，它完全符合二次餘震空間條件。集集地震的餘震序列，在去年十月三十日（主震後三十九天），曾發生單日五次的有感地震，是典型的二次餘震，且此後餘震規模就一直保持在五以下。今天為集集大地震後的第二百三十九天，又再一次發生二次餘震，且餘震次數達六次之多，頗令人感到有些突兀，而這也正是餘震序列富變化的一例。

不過，集集地震的餘震序列已近尾聲，再發生二次餘震的可能性已不大，而且規模大致不會超過五點三，經過昨天中小震群的能量釋放，中部地殼將更快速的趨於平靜。

來源出處：聯合報

日　　期：2000 年 6 月 12 日

未來十年內 地震風險不大

鄭魁香／高苑技術學院地震預測研究室副教授（高縣路竹）

六一一地震又讓不少民眾陷入對地震的恐慌之中，唯據分析，台灣地區自二千年起，即進入地震活動較稀疏的平靜期，可能一直持續到二〇一六年，長達十七年之久。因此，雖然六一一地震是在九二一地震後八個多月才發生，六點七的規模亦超乎預期，但仍可確定六一一地震為九二一之餘震，而非另一大地震的前兆，民眾實毋需過度驚慌。

根據目前世界第一張災難地圖「全球地震危險圖」，未來五十年內，台灣、加州南部、中南半島和土耳其均被列為最受地震威脅的地區。若根據台灣地區的第一張地震危險圖（由高苑地震預測研究室所繪出），對未來十年內（二千年至二〇一〇年）台灣地區的地震潛勢分析顯示：東部地區（宜蘭、花蓮與台東）的地震風險均屬極高；西部地區除嘉南地震帶的地震風險屬中等程度外；北部、中部與高屏地區的地震風險均屬極低（十年內會發生規模六以上的地震可能性為零）。

地震風險高，不一定災害損失風險就會相對的嚴重。未來十年內，台灣地區因著地震有損失風險的地區，僅有嘉南地震帶與東部的縱台地震帶（宜蘭平原和以東的外海地區）而已。

嘉南地震帶的災害風險本來就屬極高，縱台地震帶和花蓮地震帶的災害風險均屬低的背景水平，因此，雖然全台地區未來十年都在相對的地震活動平靜期內，嘉南地區面對中等程度的地震風險和可能有的損失風險，以及背景災害風險極高的條件下，仍應採取有效的減災對策。台北都會區受到東部縱台地震帶極高的地震風險和可能有的損失風險影響，亦應積極謀求有效的因應之道。

來源出處：聯合報

日　　期：2001年6月15日

還有閉幕震？規模在七左右 可能在年底前

鄭魏香／高苑技術學院地震與震害預測研究室副教授（高縣路竹）

根據台灣地區強震幕式活動分析，二〇〇一年應該是台灣地區第六個活躍期的閉幕期，閉幕震的規模最大為七點〇左右，可能發生的地點一為宜蘭外海的琉台地震帶（規模大小為六點〇至七點〇，可能性較小），另一則為花蓮外海的花蓮地震帶（規模為七點〇左右）。此次閉幕震發生後，台灣地區即結束了持續六年（一九九六至二〇〇一）的百年來的第六個活躍期，而進入將持續十五年（二〇〇二至二〇一六）的第六個平靜期中。此連續六年的活躍期，中間峰值是一九九九年九二一的集集大地震，迄今仍然叫人心驚膽跳。

由二〇〇一年台灣地區地震趨勢分析來看，西部地區的強震活動性極低，而以東部地震區為主。從誘震異常的特徵評估，琉台地震帶與花蓮地震帶對二〇〇一年來說，是台灣地區最危險的兩個地震活躍地區。我們曾經掃描二〇〇〇年缺震異常的上述兩個地震帶，發現有三個第二類地震空區存在（比較危險的震源區）。六一三規模六點三的地震發生在第二個地震空區邊緣，解除了此潛在震源區的威脅。昨天六一四規模六點二的地震發生在第一個地震空區的邊緣，又解除了此潛在震源區的危險。上述的二個地震空區孕育範圍均在一三〇〇平方公里上下，時間均為一年左右，危險性較小。但第三個地震空區（花蓮外海）孕震面積達三千平方公里，時間已超過一年半，震前平靜特徵明顯，是今年孕育最大的震源區，也是上述台灣地區第六個活躍期的閉幕震，可能會在年底以前發生，規模可達七點〇左右。如果潛在震央位置接近花蓮，當然會對花蓮宜蘭地區有某種影響存在，對台北盆地因距離較遠，除非震源深度極淺，危害影響較小。

六一三與六一四地震有一點山雨欲來風滿樓的感覺，我們仍由衷期待二〇〇一年的閉幕震已過，雨過天青，台灣地區已悄悄步入第六個平靜期，大地還我另一段安靜歲月為盼。

來源出處：聯合報

日　　期：2002 年 4 月 1 日

地震分析

331強震 解除了今年地震威脅？

鄭魁香／高苑技術學院地震與震害預測研究室副教授

昨天下午二點五十二分，在花蓮東方四十四公里處的外海，發生了芮氏規模六點八，震源深度九點六公里的極淺層強地震。各地震度除宜蘭南澳六級外，北部地區台北、苗栗南庄均為五級，東部地區的花蓮太魯閣與宜蘭同屬五級震度、花蓮四級，台灣其他地區的震度則在一至四級之間。北部地區災情較為嚴重，目前總共造成了四人死亡、二百多人受傷的生命傷亡損失。

這次地震震央位置位於菲律賓海板塊北向，在琉球海溝處俯衝下插入歐亞大陸板塊的隱沒帶中。板塊運動滑移的時間較長，地震延時幾達一分鐘之久。地震類型依我們的分類，則屬孤立型地震，主餘震的規模差在一點七以上。孤立型地震發生在東部地區比西部為多，幾乎沒有任何前震，餘震的規模與頻次均較小。下午四時二分，宜蘭南澳東方十六點七公里海域處，規模四點九的餘震可能為最大強餘震。截至下午四時三十分止，一共發生六十六次餘震（其中六次為有感地震），餘震序列可望快速落幕漸趨於平靜。

此次地震震央位置雖然在花蓮外海，但因震源深度屬於極淺層，地震規模還算大（釋放能量大約八倍於廣島原子彈的爆炸威力），加上台北盆地的放大效應，大台北地區因此傳出相當大的災情。施工中的國際金融大樓塔式吊車墜落，建管單位應對此類大型、高立的施工機具加強防震管理。承德路三段可能係地質下陷災害導致的房屋倒塌，一些危樓的嚴重傾斜與建築物外牆裝飾材、玻璃的剝落掉落，和邊坡山區的落石等，是此次地震人員受傷最主要的原因。地震導致二次災害的十餘起火警，特別是朝代大樓的失火，也造成一定程度的財產損失。部分地區停電與通訊系統中斷雖屬輕微，但交通系統的影響就大多了，捷運系統停駛（所幸僅木柵線軌道受損），高速公路國山橋路段裂縫並封閉，對台北市民影響較為嚴重。不過整體看來，此次地震災情應該仍屬輕微範圍。綜觀各級政府對此次地震的救災反應，比起九二一看來更為成熟穩定，顯然防救災單位平日的準備與演練，應該得到國人高度的肯定與支持。

根據本研究室於今年一月十日所發表的「二〇〇二年台灣地區地震分析」的研究顯示：二〇〇二年台灣地區東北部宜蘭外海有一個規模五左右的震源區，花蓮外海則另有一規模六左右的更大孕震區。今年一月十五日零時三十四分，在南澳外海規模五的地震剛好發生在花蓮外海震源區的北端位置。昨天三三一的強震，則發生在花蓮外海震源區之西南端位置，故此震源區的孕育累積能量已先後在這兩次地震中釋放完畢，所以台灣地區基本上已解除了今年可能的潛在地震威脅。在震害分析上，該文亦指出此震源區有兩個可能的震源深度，一為十公里以內的極淺層地震，此震源深度範圍會對台北盆地有震害影響（三三一地震與該文預測分析吻合）。若屬五十公里以外的淺層地震，則對台灣地區沒有任何影響。

來源出處：聯合報

日　期：2002年1月6日

進入地震平靜期 正是生聚教訓時

鄭魁香／高苑技術學院土木系副教授（高縣路竹）

從一九九六年開始到二〇〇一年爲止，台灣地區一連經歷了六年地震比較活躍的時期。一九九九年九月廿一日的集集地震是這個六年活躍期的高峰，而去年十二月十八日花蓮外海規模六點七的三角溝型地震，則是這次活躍期的結束震。二〇〇二年起，台灣地區即進入了地震潛勢相對較低的平靜期。這一次的相對平靜，可能會持續到二〇一六年左右共十五年之久。未來十五年中，規模七點〇以上的強震最多只會發生一次而已。

今年台灣地區的地震活動潛勢東部仍會高於西部。島內各地震帶全年都不會產生六級的地震。西部地區的地震活動水平與去年相近，集集地震的餘震已幾近尾聲；嘉南與高屏地區有可能會提高地震活動潛勢；特別是高縣桃源以東與台東交界的山區有可能會發生五級左右的地震，但因地處山區，不會產生可能的災害損失。

二〇〇二年台灣地區的兩個潛在震源區都在東部外海。一個位在宜蘭東北方的外海，地震規模潛勢僅僅在五級左右，不會對本島有任何的影響。另一個震源區在南澳東側外海，規模可能達到六級。此區地震有兩個可能的震源深度，若爲十公里以內的極淺層地震，而且又發生在此震源區的西側，可能會對台北盆地有些微的影響（三級左右）；若爲五十公里以外的淺層地震，則對北部地區沒有任何的影響。

自然界的現象常是平衡與對稱的。台灣歷經了六年左右的地震活躍期，二〇〇二年的轉趨平靜，也是自然的現象。這一次的平靜期，剛好給我們一次機會，可以重新檢視我們對地震的設防與減災的準備。

附

來源出處：聯合新聞網(http://udnnews.com)

日　　期：2004 年 10 月 16 日

聯合新聞網
udnnews.com

921後平靜期…意外的規模7

鄭魁香／高苑技術學院防災中心副教授

昨天發生在宜蘭外海規模七的地震，若從學理分析，還真的震得出乎人意料之外。除凸顯地震的難以預測，也顯示我們的確需要投入更多的資源做好地震預測與分析工作。

二○○二年的三三一與九一六兩個規模六點八的地震，已經結束了自一九○○年以來，台灣地區的第六個強震活躍期(一九九六至二○○二)。二○○二年的十月起，台灣地區即進入地震活動的相對平靜期，此平靜期預估將持續十五年左右（二○○二至二○一六）。在平靜期中，地震的頻次與規模大小均會下降至平均活動水平以下。二○○三年，規模六的地震共有三個，均發生在東部或離海岸不遠處。規模最大爲去年十二月十日的規模六點六地震。今年到十月初，規模六的地震亦先後發生了三次，最大規模是五月十九日的規模六點五地震，而五月也是今年地震活動最頻繁的一個月份。

昨天發生在宜蘭蘇澳外海約一一○公里，規模七點○的地震是有一點的意外，因爲在地震相對平靜期中，規模七的地震一般都是較少發生的，尤其是發生在宜蘭花蓮外海百餘公里處的板塊隱沒帶中，更屬極爲少見。

台灣地區有兩個隱沒帶。其中以台灣東北海域、菲律賓海板塊在琉球海溝俯衝插入歐亞大陸板塊所構成的琉球隱沒帶的地震活動性相對較頻繁。這個隱沒帶系因爲俯衝下插的角度較小，菲律賓海板塊與北方的歐亞大陸板塊結合緊密，整個弧溝系都處在擠壓狀態。

在此一五○公里左右的縱深海域（北緯二十三點五度至二十五度）中，仍然可以發現在擠壓帶的前、後緣各有一個極淺層的地震密集帶（深度在二十公里左右，位置大約在北緯二十四度以及二十四點六度至二十四點七度左右）；可是在這擠壓帶的下方，菲律賓海板塊的上緣處，另有一個深度較深（六十至一百公里）的地震密集帶，不過最大規模多在六左右。三十年間，此密集帶規模五點○以上的地震不超過二十五個，最大的是二○○一年六月十三日的規模六點三。這個密集帶的特性就是如此，多半比淺源地震（小於七十公里）深，但規模最大在六左右。因此，昨天發生在此密集帶外側的規模七地震，的確是叫人意外。

地震的活動性在不同的地震區帶中，無論就深度、大小或頻次甚至序列，都有它可以識別的特性。昨天的規模七點○的地震應爲今年最大的地震規模。即使在此密集帶中，規模六的地震也要三、四年才會發生一次。今年比較需要注意的倒是花蓮外海和蘭嶼附近海域，不過規模都不大，頂多規模六左右，對本島應沒有威脅。

來源出處：聯合新聞網(http://udnnews.com)

日　　期：2004 年 11 月 12 日

聯合新聞網
udnnews.com

地震預測 餘震應不多 規模最大五

鄭魁香／高苑技術學院防災中心副教授（高縣路竹）

從十一月八日二十三時五十四分規模六點七的強震迄今，已先後發生四個規模在五點〇以上的地震，包括十一月九日三時三十八分規模五點三、十一月十日二十二時四十八分規模五點五，一直到昨天十時十六分規模六點〇的強震。這四個地震，連同十月十五日今年規模最大七點〇的地震在內，都是屬於海溝隱沒帶的地震。

菲律賓海板塊在琉球海溝俯衝插入歐亞大陸板塊，形成了琉球溝—弧—盆系。琉球海溝往北是一系列的弧前盆地（和平海盆、南澳海盆和東南澳海盆）也就是深三、四千公尺的海底盆地；因著板塊的推擠作用，再往北就是島嶼出露的琉球島弧了。這幾個地震都是發生在台灣島東側海域的琉球溝—弧—盆系中，這種海溝型地震是台灣外海最主要的地震類型。

十月十五日規模七點〇的強震震源位在琉球島弧下，是一個沒有餘震的孤立型地震。十一月八、九日以及十日的三個地震都發生在南澳海盆附近，在地震地質上是屬於同一個地震密集帶，八日是主震，九日、十日均為此主震序列的餘震。

至於十一日規模的地震，其震央位置靠近和平海盆（接近花蓮陸地），因為都在擠壓帶上，其震源機制均為逆斷層，可以歸屬於同一個地震密集帶，那麼它就是一一〇八主震的餘震；不過若從震源深度縱剖面和地震地質來看，它也可以不歸屬於這個地震密集帶，那麼它就是另一個可能是孤立型的主震，往後不太會有餘震；若有餘震，以過去此區地震目錄檢視，也少有規模五點〇以上的餘震發生的可能。不論是前者或後者（後者可能性更大），後續若有餘震（一一〇八的餘震的可能性高過一一一一的餘震），最大規模應在五點〇左右，對台灣地區的影響都很小。

這次系列地震（一一〇八、一一一一）倒是引發了台北盆地震度的有益討論。台北盆地因為沖積層的厚度與地質鬆軟程度的不同，其盆地的放大效應就不同，不僅邊緣與中心不同，南北與東西亦不同。比方說，五股及松山附近區域，對長週期頻寬的地震波就有較大的放大效應。北投、中和和景美附近區域，則對較短週期頻寬的震波有較大的放大效應。因此同一個地震各微分區的震度就不相同。一〇一五台北市的震度是四，但各分區感受不一；同理一一〇八的震度三與一一一一的震度二，各微分區的震度均不同；若再加上高樓效應和地震延時若較長（四十至五十秒），則對搖晃的感受就更強烈。不過較現代的高層建築，法規都要求較高的耐震能力；氣象局也計畫在兩三年後改採微分區的震度報告，將予市民更好的服務，我們樂觀其成。

【2004/11/12 聯合報】

附

來源出處：聯合新聞網(http://udnnews.com)

日 期：2004 年 12 月 27 日

聯合新聞網
udnnews.com

台灣幸有海峽地形屏障

鄭魁香／高苑技術學院防災中心地震與震害預測研究室副教授（高縣路竹）

昨天上午發生在印尼蘇門答臘省西部海域規模八點九的淺層十公里深的巨震，相當於一萬兩千顆原子彈的威力，二個小時內在同一個斷層帶上四次規模五點八、五點九與六點零的強震；再加上三個多小時後在孟加拉北方再發生規模七點三的強震，一波波的強震，沈重打擊印度洋週邊的幾個國家。

此次強震係百年來世界第五大地震，十公里深的極淺層巨震，抬升了海底地形，使得海平面高出地平面很多，從而引起海面擾動而形成波長近百公里、波高逾十米的海嘯，重創鄰近印度、泰國、斯里蘭卡、印尼和馬來西亞等國的海邊地區，死亡人數目前已達數千人之多。

這種因爲發生在海底淺層的強震，伴隨海底地形變動形成的海嘯，曾在歷史中引起過巨大的生命財產損失。一八九六年日本三陸的大海嘯造成二萬七千人死亡，一七五五年葡萄牙里斯本的海嘯導致超過八萬人死亡。印尼喀喇卡多亞火山爆發引發的大海嘯曾造成三萬六千四百人死亡，海嘯是叫人聞之色變的重大天然災害之一。

台灣地區因受海峽地形屏障，只有一八六七年十二月十八日北部連續地震曾引發基隆港海嘯，造成數百人被淹死的海嘯入侵紀錄。海嘯的英文字tsu-nami，係由日語組合而成。tsu爲海港之意，nami爲巨浪之意。海嘯不僅衝擊海港亦會波及沿岸陸地，瞬間巨浪（可高達數十公尺）排山倒海般的捲進陸域，其破壞力之大和造成人類心靈的恐懼並不亞於強震的影響。

位於夏威夷的太平洋海嘯警報中心（ＰＴＷＣ）在海域地震規模超過六點五時即會發佈海嘯預警消息。海底地震引發的海嘯，百分之八十以上發生在太平洋地區。在環太平洋地震帶的西北太平洋海域更是發生地震海嘯的集中區域。這包括了日本太平洋沿岸，太平洋的西部、南部和西南部，夏威夷群島、阿留申群島沿岸以及中南美的秘魯、智利等地。因爲海嘯的速度每小時約在五百至一千公里之間，ＰＴＷＣ發佈的海嘯警報確能有效捍衛太平洋週邊海域地區的安全。至於台灣地區由於有地形的屏障，加上台灣也接收ＰＴＷＣ的海嘯警報，因此將來台灣若遭遇海嘯襲擊，應能使災害減到最小。

【2004/12/27 聯合報】

心得筆記

心得筆記

心得筆記

心得筆記

國家圖書館出版品預行編目資料

防震與減災：臺灣地區未來的地震 ／ 鄭魁香編著. --初版. --臺北縣土城市:全華圖書,
2007[民 96]
面； 公分
參考書目：面
ISBN 978-957-21-5821-0(平裝)

1.地震-臺灣 2.地震-防制

354.492 96007964

防震與減災：台灣地區未來的地震

作　　者 鄭魁香
執行編輯 吳春儀
印 刷 者 宏懋打字印刷股份有限公司
圖書編號 10346
初版一刷 2007 年 9 月
定　　價 新台幣 250 元
I S B N 978-957-21-5821-0 (平裝)